SPSSによる
統計処理の手順

第10版

石村光資郎 著・石村貞夫 監修

東京図書

いろいろな分野の研究者の皆さんに

『SPSS はどうですか？』

と，たずねられることがよくあります．そんなとき，

『非常に使いやすいですね！』

これ以外に適当な返事は考えられません．

　実際に SPSS を使ってみると，マウスの操作ひとつで，どのような統計処理も簡単におこなうことができます．

『これはうれしい !!』

　手に持ったマウスをカチッ，カチッとクリックしていく感覚は，いってみれば，コンピュータゲームにも似たところがあるのではないでしょうか．

　ところで，この本の特徴は

❶　すぐわかる統計処理の選び方

❷　すぐわかる図解によるデータ入力とその手順

❸　よくわかる図解による統計処理のための手順

❹　よくわかる SPSS による出力結果の読み取り方

の 4 点です．

❶について……統計処理で最初に頭を悩ませるものは

『このデータには，どの統計処理を選べばよいのか？』

　しかし，この悩みは

『データをいくつかのパターンに分類する！』

ことで，完全に解決されました．　☞ 0 章

❷，❸について……次に頭を悩ませるものは

『このデータ入力の手順は？』

『この統計処理のための手順は？』

しかし，SPSS のわかりやすい画面による図解で，だれでも悩むことなく
データ入力や統計処理のための手順をふむことができます．

❹について……最後に頭を悩ませるものが，出力結果の読み取り方

『え〜と ?!』

もちろん，本書では SPSS による出力の読み取り方を
わかりやすく解説しています．なにも心配はありません．

とりあえず，この本を左手に，マウスを手に持って

『SPSS の世界に，飛び込んでみよう!!』

最後に，お世話になったスマート・アナリティクス株式会社の牧野泰江さん，
鶴見大学歯学部の岡淳子さん，東京図書の河原典子さんに
深く感謝の意を表します．

令和 5 年 7 月吉日

◆本書では IBM SPSS Statistics 29 を使用しています．
SPSS 製品に関する問い合わせ先：
〒 103-8510 東京都中央区日本橋箱崎町 19-21
日本アイ・ビー・エム株式会社 クラウド事業本部 SPSS 営業部
URL http://www.ibm.com/contact/jp/ja/

目　次

第 *0* 章　データの型から適切な統計処理を選ぼう!!　2

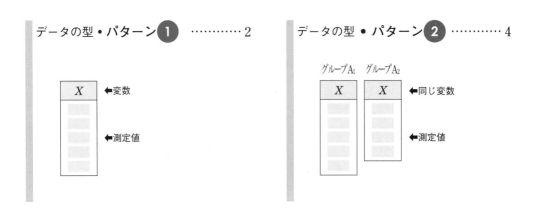

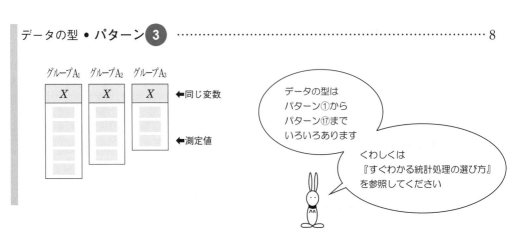

統計用語の解説は
「すぐわかる
　　統計用語の基礎知識」
を参照してください

グループA_1		グループA_2		グループA_3	
X_1	X_2	X_1	X_2	X_1	X_2

←異なる変数
←測定値

A_1	A_2

←特性・属性・カテゴリ
←個数

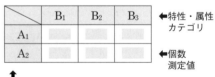

	B_1	B_2
A_1		
A_2		

←特性・属性カテゴリ

←個数

↑
特性・属性カテゴリ

A_1	A_2	A_3

←特性・属性カテゴリ
←測定値

	B_1	B_2	B_3
A_1			
A_2			

←特性・属性カテゴリ

←個数測定値

↑
特性・属性グループ

	B₁	B₂	B₃
A₁			
A₂			
A₃			

←属性・因子
　要因

←個数
　測定値

↑
属性・因子・要因

	B₁	B₂	B₃
A₁			
A₂			
A₃			

←因子・要因

←測定値

↑
因子・要因

時間 t	変数 X_1	変数 X_2	変数 X_3

時系列データです

「改訂版
入門はじめての時系列分析」
を参照してください

調査回答者 No.	変数 X_1	変数 X_2	変数 X_3

アンケート調査のデータです

➡ 参考文献［22］

SPSS による統計処理の手順
第 10 版

本書で扱っているデータは，東京図書の Web サイト（http://www.tokyo-tosho.co.jp）からダウンロードすることができます．

また付録として，次の 2 つの PDF もダウンロードいただけます．

付録 1 Excel のデータを SPSS に取り込もう！

付録 2 SPSS によるベイズ統計の手順 ―2 つのグループの差の検定の場合

データの型から適切な統計処理を選ぼう!!

いろいろなデータを集めてみると,

"データの型は,次のパターン❶〜⓱のどれかと一致している"

ことがわかります.そして……

それぞれのパターンには適切な統計処理が決まっています!

データの型 パターン❶ ━━━━━━━━━━━━━━━━━━━●

次のデータは,ウエイトレスのアルバイトをしている女子大生8人の時給です.

時給を変数Xとして,記号化してみよう.

> N個のデータのことを "大きさNのデータ" ともいいます

ウエイトレスの時給

データの型 パターン❶

時給		変数 X	
850 円		$x(1)$	$x(1) = 1$ 番目のデータ
1000 円		$x(2)$	$x(2) = 2$ 番目のデータ
1100 円	記号化	$x(3)$	$x(3) = 3$ 番目のデータ
950 円		⋮	⋮
1200 円		$x(i)$	$x(i) = i$ 番目のデータ
900 円		⋮	⋮
1050 円			
800 円		$x(N)$	$x(N) = N$ 番目のデータ

パターン❶の統計処理としては，次の 1〜5 が考えられます．

1 グラフ表現 ➡ 参考文献［17］

データの特徴を見る方法としては，グラフ表現が最もすぐれている．

2 基礎統計量 ➡ p. 40

データの特徴を読み取るもう 1 つの方法は，
統計量を計算してみること！

3 度数分布表とヒストグラム ➡ p. 52

データの個数が多いときは，データの要約をしよう．
データの要約には度数分布表とヒストグラムが最適！

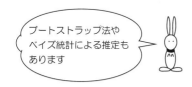

4 母平均の区間推定 ➡ p. 40

データを母集団から取り出した標本と考え，
標本平均や標本分散から母集団の平均を推定しよう．

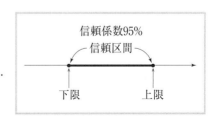

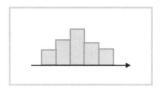

5 母平均の検定 ➡ 参考文献［9］§4.2

母平均に仮説をたて，その仮説が成り立つか
どうか検定してみよう．

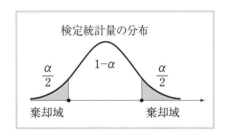

次のデータは，女子大生のウエイトレスとコンパニオンの時給について
調べたものです．

時給を変数 X として，記号化してみよう．

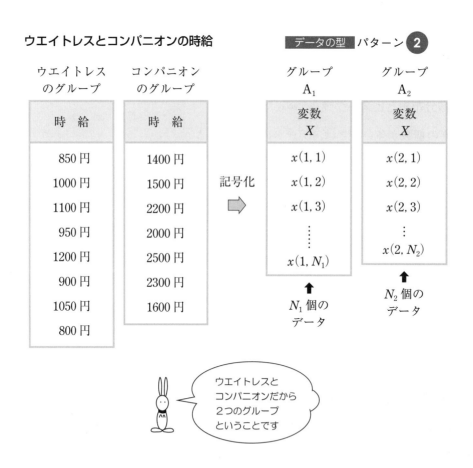

ウエイトレスとコンパニオンの時給

ウエイトレス のグループ	コンパニオン のグループ
時　給	時　給
850 円	1400 円
1000 円	1500 円
1100 円	2200 円
950 円	2000 円
1200 円	2500 円
900 円	2300 円
1050 円	1600 円
800 円	

記号化 ⇨

データの型 パターン ②

グループ A_1	グループ A_2
変数 X	変数 X
$x(1,1)$	$x(2,1)$
$x(1,2)$	$x(2,2)$
$x(1,3)$	$x(2,3)$
⋮	⋮
$x(1,N_1)$	$x(2,N_2)$

↑
N_1 個の
データ

↑
N_2 個の
データ

ウエイトレスと
コンパニオンだから
2つのグループ
ということです

パターン❷の統計処理としては，次の $\boxed{1}$ ～ $\boxed{7}$ が考えられます．

$\boxed{1}$ グラフ表現

データの特徴を見るためには，グラフ表現が最もすぐれている．

2つのグループのデータをグラフに表し，比べてみよう．

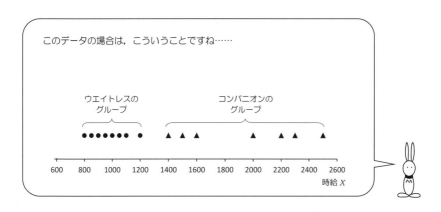

$\boxed{2}$ 基礎統計量 ➡ 参考文献 [9]

データの特徴を数値でとらえるには，次の統計量を計算してみること！

平均値・中央値・最頻値・最大値・最小値

分散・標本分散・標準偏差・標本標準偏差

この値から，2つのグループの位置やバラツキを比較することができる．

$\boxed{3}$ 2つの母平均の区間推定 ➡ p. 58

2つのグループが属するそれぞれの母集団の平均を推定してみよう．

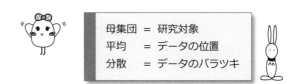

5

4 2つの母平均の差の検定 ➡ p.58

知りたいことは，2つのグループは同じかどうかということ！

そこで，2つの母集団の母平均 μ_1, μ_2 に注目し，差の検定をしてみよう．

この検定方法は次の2通り．

[1] 等分散性を仮定する場合 …… 母分散 σ_1^2, σ_2^2 は未知だが

$$\sigma_1^2 = \sigma_2^2 \text{ と仮定してよい}$$

[2] 等分散性を仮定しない場合 …… 母分散 σ_1^2, σ_2^2 が未知

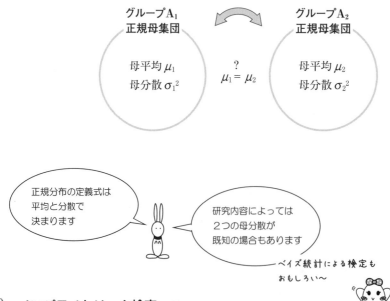

グループA_1
正規母集団

母平均 μ_1
母分散 σ_1^2

?
$\mu_1 = \mu_2$

グループA_2
正規母集団

母平均 μ_2
母分散 σ_2^2

正規分布の定義式は
平均と分散で
決まります

研究内容によっては
2つの母分散が
既知の場合もあります

ベイズ統計による検定も
おもしろい〜

5 ノンパラメトリック検定 ➡ p.78

母集団が正規分布に従っているかどうかわからないときは，

ノンパラメトリック検定をしよう．

2つのグループの差の検定は，ウィルコクスンの順位和検定が有名．

新しいデータが 1 つ与えられたとしよう.

　　　　"このデータは 2 つのグループのどちらに属するのだろうか？"

このような判定のために判別分析がある.

　判別分析は，2 つのグループをきちんと 2 つに分けてくれる方法！

次の 2 通りがあります.

[1] 線型判別関数による方法

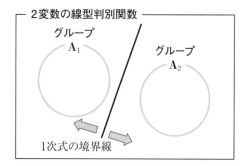

[2] マハラノビスの距離による方法

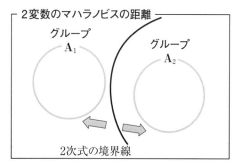

7 ブートストラップ法による差の検定 ➡ p.74

　乱数を利用して，標本から母集団を再現してみせる方法が

　　　　"ブートストラップ法"

この方法を使っても，2 つのグループ間の差を調べることができる.

次のデータは，3種類の局所麻酔薬エチドカイン，プロピトカイン，リドカインについて，麻酔の持続時間を測定した結果です．

時間を変数 X として，記号化してみよう．

3種類の麻酔薬の持続時間

エチドカイン A₁	プロピトカイン A₂	リドカイン A₃
時間	時間	時間
43.6 分	27.4 分	18.3 分
56.8 分	38.9 分	21.7 分
27.3 分	59.4 分	29.5 分
35.0 分	43.2 分	15.6 分
48.4 分	15.9 分	9.7 分
42.4 分	22.2 分	16.0 分
25.3 分	52.4 分	7.5 分
51.7 分		

記号化 ⇨

データの型 パターン 3

グループ A₁	グループ A₂	グループ A₃
変数 X	変数 X	変数 X
$x(1,1)$	$x(2,1)$	$x(3,1)$
$x(1,2)$	$x(2,2)$	$x(3,2)$
$x(1,3)$	$x(2,3)$	$x(3,3)$
⋮	⋮	⋮
$x(1,N_1)$	$x(2,N_2)$	$x(3,N_3)$
N_1 個のデータ	N_2 個のデータ	N_3 個のデータ

パターン❸の統計処理としては，次の 1 〜 6 が考えられます．

グループの個数は
3つです

1 グラフ表現

データの特徴を見るには，グラフ表現が一番ですね*!!*

データの特徴を数値でとらえてみよう．それぞれのグループについて，平均値や分散を求めるので，計算が大変かもしれないが，そこのところはコンピュータにまかせよう．

知りたいことは研究対象——母集団——についての情報なので，3つのグループが属するそれぞれの母集団の平均を推定してみよう．

3つのグループ A_1, A_2, A_3 が同じか，それとも異なっているか？

このようなときは，次の仮説

仮説 H_0：A_1 の母平均 = A_2 の母平均 = A_3 の母平均

の検定をしよう．この検定方法を分散分析という．

検定の結果，この仮説が棄てられたとしたら？

そのときは，3つのグループの間に差があるのだから次に，どことどこに差があるのかを探さなければならない．

その手法を多重比較という．

検定をくり返すと
多重比較の問題が生じます
p.123 を参照

ノンパラメトリックの1元配置の分散分析としてクラスカル・ウォリスの検定やヨンクヒールの検定がある．

Kruskal-Wallis の検定
Jonckheere の検定

3つのグループでも，2つのグループと同様に判別することができる．

次のデータは，リンゴダイエットによる体重の変化を調べたものです．
体重を変数Xとして，記号化してみよう．

リンゴダイエットによる体重の変化

データの型 パターン ④

被験者	ダイエット前の体重	ダイエット後の体重
A さん	53.0 kg	51.2 kg
B さん	50.2 kg	48.7 kg
C さん	59.4 kg	53.5 kg
D さん	61.9 kg	56.1 kg
E さん	58.5 kg	52.4 kg
F さん	56.4 kg	52.9 kg
G さん	53.4 kg	53.3 kg

記号化 ⇨

グループ A_1 変数 X	グループ A_2 変数 X
$x(1, 1)$	$x(2, 1)$
$x(1, 2)$	$x(2, 2)$
⋮	⋮
$x(1, i)$	$x(2, i)$
⋮	⋮
$x(1, N)$	$x(2, N)$

パターン④の統計処理としては，次の①〜④ が考えられます．

> 前と後だから
> 対応のあるデータ
> の統計処理ですね

①　グラフ表現

このデータの型の場合には，対応する $x(1, i)$ と $x(2, i)$ を比べたいので，
$x(1, i) - x(2, i)$ のように，差をとってグラフ表現することができる．

② 基礎統計量 ➡ p. 86

　データの特徴を読み取るもう1つの方法は，統計量を計算してみること.

　統計量には，平均値・分散・標準偏差などがあります.

このデータの型の場合には

$$x(1, i) - x(2, i)$$

のように，対応するデータの差をとってから，

平均値，分散，標準偏差を計算してみよう.

③ 対応のある2つの母平均の差の検定 ➡ p. 86

　2つのグループのデータがお互いに対応している場合には，

対応のある2つの母平均の差の検定をしよう. 2つの母平均の差の検定よりも，

対応関係のある分だけ，もう少し詳しい差の検定をすることができる.

　この検定はグループの数が3つ以上のとき，

反復測定による分散分析へと一般化される.

使用前 と 使用後 と…

④ ノンパラメトリック検定 ➡ p. 104

　対応のある2つのグループを比較したいときは，

ウィルコクスンの符号付順位検定，または，符号検定をしよう.

　ノンパラメトリック検定なので，2つの平均値の代わりに

2つの中央値が同じかどうかを調べることになる.

[1]　2つの母集団の分布の形が対称なときは

　　●ウィルコクスンの符号付順位検定

[2]　2つの母集団の分布の形に対称性が見られないときには

　　●符号検定

参考文献『入門はじめての統計解析』§5.4

次のデータは，薬物投与後における心拍数を投与前，1分後，5分後，10分後と4回測定したものです．心拍数を変数 X として，記号化してみよう．

薬物投与による心拍数

被験者	投与前	1分後	5分後	10分後
Aさん	67	92	87	68
Bさん	92	112	94	90
Cさん	58	71	69	62
Dさん	61	90	83	66
Eさん	72	85	72	69

記号化 ⇨

データの型 パターン 5

	A_1	A_2	A_3	A_4
	変数 X	変数 X	変数 X	変数 X
	$x(1,1)$	$x(2,1)$	$x(3,1)$	$x(4,1)$
	$x(1,2)$	$x(2,2)$	$x(3,2)$	$x(4,2)$
	$\vdots$	$\vdots$	$\vdots$	$\vdots$
	$x(1,i)$	$x(2,i)$	$x(3,i)$	$x(4,i)$
	$\vdots$	$\vdots$	$\vdots$	$\vdots$
	$x(1,N)$	$x(2,N)$	$x(3,N)$	$x(4,N)$

> このデータは次々と対応しているので"反復測定"といいます

パターン❺の統計処理としては，次の ① ～ ④ が考えられます．

① グラフ表現

データの特徴を見るにはグラフ表現が最もすぐれている．このデータの型は

$$A_1 \rightarrow A_2 \rightarrow A_3 \rightarrow A_4$$

と対応があるので，

折れ線グラフで表すと
変化のパターンがよくわかります．

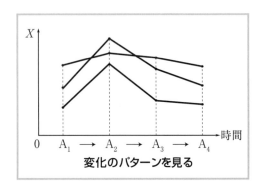

変化のパターンを見る

② 基礎統計量 ➡ p. 132

データの特徴を読み取るもう 1 つの方法は，統計量を計算してみること．

統計量には平均値・標本分散・標本標準偏差などがあるので
各グループの平均値を比較してみることも大切．

③ 反復測定による 1 元配置の分散分析 ➡ p. 132

4 つのグループ A_1, A_2, A_3, A_4 を比較する方法として，
1 元配置の分散分析が知られているのだが，
4 つのグループ間に，次のような対応がある場合

グループA_1		グループA_2		グループA_3		グループA_4
投与前	⇨	1 分後	⇨	5 分後	⇨	10 分後
$x(1, i)$		$x(2, i)$		$x(3, i)$		$x(4, i)$

反復測定による 1 元配置の分散分析をおこなうと，
1 元配置の分散分析よりも，より詳しい結果を導くことができる．

"反復測定" と "くり返し" はよく似た言葉なのだが，次のように使い分ける．

- 反復測定 …………… 同じ 1 匹のカエルを時間をずらして 4 回測定
- くり返し数が 4 …… 異なる 4 匹のカエルを 1 回ずつ測定

参考文献 『入門はじめての分散分析』§4.2
　　　　　　『SPSS による分散分析・混合モデル・多重比較の手順』

反復測定による分散分析は難しいので…

④ ノンパラメトリック検定 ➡ p. 140

グループ間に対応関係があるときは，
フリードマンの検定があります．

次のデータは，6つの河川について，水質汚濁の状態を調査した結果です．

DO は溶存酸素量，BOD は生物化学的酸素要求量のこと．

DO を変数 X_1，BOD を変数 X_2 として，記号化してみよう．

河川の水質調査

河川	DO	BOD
下 田 川	7.2 ppm	1.3 ppm
国 分 川	9.4 ppm	0.8 ppm
久 万 川	5.2 ppm	3.9 ppm
江の口川	3.8 ppm	5.0 ppm
舟 入 川	8.1 ppm	1.5 ppm
鏡　　川	8.6 ppm	0.9 ppm

記号化 ⇨

データの型 パターン ❻

変数 X_1	変数 X_2
$x_1(1)$	$x_2(1)$
$x_1(2)$	$x_2(2)$
$x_1(3)$	$x_2(3)$
⋮	⋮
$x_1(N)$	$x_2(N)$

パターン❻の統計処理としては，

次の ①〜⑥ が考えられます．

対応している
2変数データだよ

共分散は2変数の広がりです〜

① グラフ表現 ➡ p.178

このデータは変数 X_1 の値と変数 X_2 の値が対応しているので，

X_1 を横軸に，X_2 を縦軸にとり，散布図を描くことができる．

② 基礎統計量 ➡ p.172

対応しているデータの場合には，共分散や相関係数も求めよう．

③ 回帰分析 ➡ p. 172

対応のある2変数の間に原因と結果という関係があれば
回帰分析をしよう. 2つの変数の間に強い相関があることがわかれば,

> 回帰直線 $X_2 = b_0 + b_1 \times X_1$

を求めてみよう.

この回帰直線の式を使うと

[1] 原因 X_1 から結果 X_2 を予測

[2] 結果 X_2 から原因 X_1 を制御

することができる.

相関の有無を調べるには,
無相関の検定という方法があります.

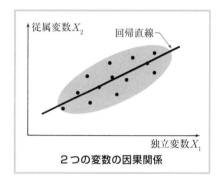

2つの変数の因果関係

④ 主成分分析 ➡ p. 192

対応のある2変数のデータの場合,
その2つの変数を"1つに総合化したい"
ときがある.

このようなときには主成分分析を
しよう. すると, 総合的な評価や
データの順位づけをすることができる.

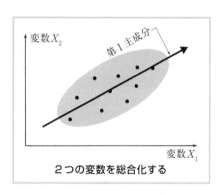

2つの変数を総合化する

⑤ 因子分析 ➡ 参考文献 [10] 4章

2変数に共通する要因を見つけたい!
このようなときには因子分析をしてみよう.

2変量の
データ解析ですね

次のデータは，5年間の全国の飲食店数，年間1人当たりのエビの消費量，エビの国内生産量と輸入量の合計について調査したものです．

飲食店数を X_1，エビ消費量を X_2，生産量と輸入量の合計を X_3 として記号化してみよう．

エビの生産と消費

飲食店数	エ　ビ 消費量	生産量と 輸入量
38 万店	240 g	8.2 万 t
41 万店	430 g	11.3 万 t
57 万店	650 g	18.2 万 t
75 万店	660 g	19.1 万 t
81 万店	670 g	23.7 万 t

記号化 ⇨

データの型 パターン 7

変数 X_1	変数 X_2	変数 X_3
$x_1(1)$	$x_2(1)$	$x_3(1)$
$x_1(2)$	$x_2(2)$	$x_3(2)$
$x_1(3)$	$x_2(3)$	$x_3(3)$
⋮	⋮	⋮
$x_1(N)$	$x_2(N)$	$x_3(N)$

多変量の データ解析ですね

パターン ❼ の統計処理としては，次の $\boxed{1}$～$\boxed{5}$ が考えられます．

$\boxed{1}$　グラフ表現　➡ p. 178

グラフ表現は統計処理の第一歩なのだが，このデータのように変数の数が3つだと平面上に描くことはできない．

空間上に立体的に表現するか，または2つの変数に制限して，その散布図を (X_1, X_2)，(X_1, X_3)，(X_2, X_3) と，次々に描いてみよう．

2 **基礎統計量** ➡ p. 182

　変数の数が増えてくると，変数間の関係を表現してくれる共分散や相関係数は
とても重要です．そこで，分散共分散行列や相関行列に注目しよう．

分散共分散行列

	X_1	X_2	X_3
X_1	分　散	共分散	共分散
X_2	共分散	分　散	共分散
X_3	共分散	共分散	分　散

相関行列

	X_1	X_2	X_3
X_1	1	相関係数	相関係数
X_2	相関係数	1	相関係数
X_3	相関係数	相関係数	1

3 **重回帰分析** ➡ p. 182

　3つの変数間に，原因と結果の関係があるときは重回帰分析をしよう．

	[結果]				[原因1]		[原因2]
重回帰式	X_3	$=$	b_0	$+$	$b_1 \times X_1$	$+$	$b_2 \times X_2$

を求めれば，結果を予測したり，原因を制御したりすることができる．また，
偏回帰係数 b_1, b_2 の大きさから，その変数が大切な要因かどうかの判定もできる．

4 **主成分分析** ➡ p. 192

　3つの変数を1つにまとめたいときには，主成分分析が最適 *!!*

　この分析をすると，3変数の総合的ランキングなどが可能になるので
ぜひ使いこなせるようになりたい．

第1主成分

5 **因子分析** ➡ 参考文献［10］4章

　3つの変数の中に潜んでいる共通な要因を取り出したいときは
因子分析をしてみよう．心理学などではよく利用されている．

第1因子

次のデータは，河口の砂と砂丘の砂に含まれる非磁性鉱物と強磁性鉱物の割合を測定したものです．

非磁性鉱物を X_1，強磁性鉱物を X_2 として，記号化してみよう．

河口の砂と砂丘の砂

河口の砂		砂丘の砂	
非磁性鉱物	強磁性鉱物	非磁性鉱物	強磁性鉱物
88.4	5.5	86.6	6.9
90.3	3.7	85.5	7.5
87.1	6.4	86.3	4.9
86.8	6.5	84.2	5.9
85.8	5.4	84.9	7.1

⬇ 記号化

データの型 パターン ❽

グループ A_1		グループ A_2	
変数 X_1	変数 X_2	変数 X_1	変数 X_2
$x_1(1,1)$	$x_2(1,1)$	$x_1(2,1)$	$x_2(2,1)$
$x_1(1,2)$	$x_2(1,2)$	$x_1(2,2)$	$x_2(2,2)$
⋮	⋮	⋮	⋮
$x_1(1,N_1)$	$x_2(1,N_1)$	$x_1(2,N_2)$	$x_2(2,N_2)$

2つの
グループだよ

パターン ❽ の統計処理としては，次の $\boxed{1}$ 〜 $\boxed{5}$ が考えられます．

1 グラフ表現 → p. 178

2 基礎統計量 → p. 200

3 判別分析 → p. 200

散布図を見て,
2つのグループの間に
違いがありそうな気がしたら
判別分析をしてみよう.

判別分析には

　[1] 線型判別関数による方法

　[2] マハラノビスの距離による方法

の2通りがある.

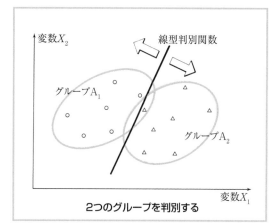

2つのグループを判別する

4 共分散分析 → p. 146

2変数 X_1 と X_2 のうち, 変数 X_2 が変数 X_1 のつけたし
のような場合がある.

つまり, 変数 X_1 について2つのグループ間の差を調べたいのだが,
変数 X_2 も無視できないような場合, X_2 を共変量として, 共分散分析をしてみよう.

5 2項ロジスティック回帰分析 → 参考文献 [20] 第3章

2つのグループを判別する方法として, 確率を利用した
2項ロジスティック回帰分析もよく利用されている.

次のデータは，3種類の局所麻酔薬エチドカイン，プロピトカイン，リドカインについて，麻酔の持続時間と体重を測定したものです．

時間を変数 X_1，体重を変数 X_2 として，記号化してみよう．

3種類の麻酔薬の持続時間と体重

エチドカイン A_1

時間	体重
43.6 分	77 kg
56.8 分	85 kg
27.3 分	53 kg
35.0 分	64 kg
48.4 分	67 kg
42.4 分	72 kg
25.3 分	55 kg
51.7 分	81 kg

プロピトカイン A_2

時間	体重
27.4 分	58 kg
38.9 分	69 kg
59.4 分	81 kg
43.2 分	76 kg
15.9 分	48 kg
22.2 分	51 kg
52.4 分	72 kg
56.7 分	64 kg

リドカイン A_3

時間	体重
18.3 分	68 kg
21.7 分	75 kg
29.5 分	80 kg
15.6 分	63 kg
9.7 分	55 kg
16.0 分	65 kg
7.5 分	57 kg
24.6 分	78 kg

 記号化

グループ A_1

変数 X_1	変数 X_2
$x_1(1, 1)$	$x_2(1, 1)$
$x_1(1, 2)$	$x_2(1, 2)$
⋮	⋮
$x_1(1, N_1)$	$x_2(1, N_1)$

グループ A_2

変数 X_1	変数 X_2
$x_1(2, 1)$	$x_2(2, 1)$
$x_1(2, 2)$	$x_2(2, 2)$
⋮	⋮
$x_1(2, N_2)$	$x_2(2, N_2)$

グループ A_3

変数 X_1	変数 X_2
$x_1(3, 1)$	$x_2(3, 1)$
$x_1(3, 2)$	$x_2(3, 2)$
⋮	⋮
$x_1(3, N_3)$	$x_2(3, N_3)$

パターン❾の統計処理としては，次の ①～⑦ が考えられます．

① **グラフ表現** ➡ p. 178

② **基礎統計量** ➡ p. 146

③ **判別分析** ➡ p. 200

共分散分析や多変量分散分析は…

参考文献『SPSS による分散分析・混合モデル・多重比較の手順』

④ **共分散分析** ➡ p. 146

　3つ以上のグループ間に差があるかどうかを知りたいときは，

分散分析と多重比較をするのが最も一般的な方法．

　しかし，このデータの型のように変数が2つ以上のときには，

共分散分析や多変量分散分析といった手法が開発されている．

　共分散分析というのは回帰分析と分散分析を合わせたような手法で，

注目したい変数と補助的な役割の変数――これを共変量という――とからなっている．

　つまり，

　　　　　"原因も込みで結果についての差の検定をする手法"

が共分散分析と考えられている．

共変量は
2つ以上でもOK

⑤ **多変量分散分析**

　3つ以上のグループ間に差があるかどうかを調べるときには，

分散分析を使うのが一般的ですが，このデータのように

変数の数が2つ以上の場合には，多変量分散分析があります．

⑥ **多項ロジスティック回帰分析**

　3つ以上のグループを判別する方法として，多項分布を利用した

多項ロジスティック回帰分析もよく利用されています．

　次のデータは，大都市に住んでいる 478 人を対象に花粉症かどうかの
アンケート調査を行った結果です．

　　"花粉症にかかっている"を A_1，"花粉症にかかっていない"を A_2
として，記号化してみよう．

花粉症にかかっていますか？（大都市）

花粉症にかかっている	花粉症にかかっていない
132 人	346 人

⬇ 記号化

データの型 パターン❿

データの
個数だよ！

特性 A_1	特性 A_2
M_1 個	M_2 個

　パターン❿の統計処理としては，次の 1 〜 4 が考えられます．

1 グラフ表現

　データの特徴を見るにはグラフ表現が最適なのだが，
このデータの型の場合，注目しているのは
データの個数よりも，データの割合やデータの比率！
したがって，円グラフがいいですね!!

2   基礎統計量

　このデータは測定値というよりも，観測されたデータの個数なので，
比率に変換することがポイント．

$$A_1 \text{ の標本比率} = \frac{M_1}{M_1 + M_2} \times 100\%, \qquad A_2 \text{ の標本比率} = \frac{M_2}{M_1 + M_2} \times 100\%$$

3   母比率の区間推定　➡ 参考文献［9］§3.5

　このようなデータの型の場合，研究対象や調査対象は
2 つのタイプに分かれているので，母集団の分布は
2 項分布になっている．

　そこで，母集団の比率——母比率——を推定してみよう．

　信頼区間の幅を狭くするためには，
かなりの数のデータが必要となります．

2 項母集団

A_2 型の母比率
$1 - p$

A_1 型の母比率
p

4   母比率の検定　➡ 参考文献［9］§4.4

　"今まで考えられてきたパーセントに変化が起きてきたのでは *!!*"
と思われるときは，母比率の検定をしてみよう．

　たとえば

　　"内閣支持率が 53％ と思われてきたのだが，どうも最近人気がない……"
このようなときは，次のようなアンケート調査をして

> **質問項目**. あなたは内閣を支持しますか？
>
> **回　答**.（イ）はい　　（ロ）いいえ

をたずねてみよう．すると，支持率が 53％ なのかどうかを検定することができる．

次のデータは，大都市と地方都市において，花粉症にかかっているかどうかのアンケート調査結果です．大都市を A_1，地方都市を A_2，花粉症で悩んでいるを B_1，花粉症で悩んでいないを B_2 として，記号化してみよう．

大都市と地方都市の花粉症

	花粉症で悩んでいる	花粉症で悩んでいない
大都市	132人	346人
地方都市	112人	403人

記号化 ⇨

データの型 パターン⑪

A ＼ B	B_1	B_2
A_1	M_1 個	N_1 個
A_2	M_2 個	N_2 個

パターン⑪の統計処理としては，次の 1 ～ 8 が考えられます．

クロス集計表

1 グラフ表現

データの特徴を見るためにグラフ表現をしよう．2つのグループ A_1, A_2 に対し 2つの特性 B_1, B_2 を比較しやすく表現することがコツ!!

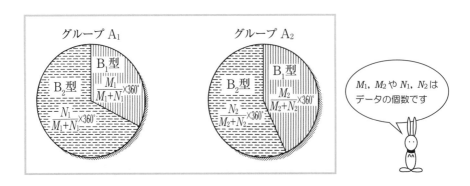

M_1, M_2 や N_1, N_2 はデータの個数です

② 基礎統計量 ➡ p. 226

このデータは測定値というよりも観測されたデータの個数なので,
統計量としては標本比率が考えられる.

③ 2つの母比率の区間推定

A_1, A_2 を 2 つのグループとみなすならば，標本比率からそれぞれのグループの
母比率の区間推定をすることができる.

この 2 つの母比率の信頼区間から，2 つのグループを比較してみよう.

④ 2つの母比率の差の検定 ➡ p. 226

2 つのグループについて
調査・研究している場合には，
2 つのグループの比率の差が
重要なポイント!!

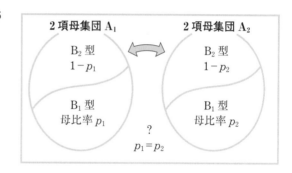

⑤ 独立性の検定 ➡ p. 210

2 つの属性 A, B の間に何らかの関連があるかどうか?
を知りたいときには独立性の検定をしよう.

⑥ オッズ比の検定 ➡ 参考文献［すぐわかる医療統計の選び方］

⑦ マンテル・ヘンツェル検定

➡ 参考文献 ［21］

次のデータは，遺伝子研究のためキイロショウジョウバエの3つのタイプ

野生型メス　　野生型オス　　白眼オス

について調査した結果です．

野生型メスを A_1，野生型オスを A_2，白眼オスを A_3 として，記号化してみよう．

キイロショウジョウバエの遺伝の法則

野生型メス	野生型オス	白眼オス
592 匹	331 匹	281 匹

記号化

データの型 パターン⑫

特性 A_1	特性 A_2	特性 A_3
M_1 個	M_2 個	M_3 個

特性のことを「カテゴリ」ともいいます

パターン⑫の統計処理としては，次の ①〜③ が考えられます．

① グラフ表現

一般には，$A_1, A_2, \cdots, A_a$ のように
もっとたくさんの特性を取り上げる
ことができる．

グラフ表現としては，
$N = M_1 + M_2 + M_3$ として，
それぞれのパーセントに
注目しよう．

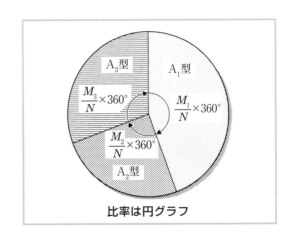

比率は円グラフ

2 **基礎統計量** ➡ p.238

このデータの数値は特性 A_1, A_2, A_3 をもつデータの個数なので，それぞれのパーセントを計算してみよう．

Aの確率を Pr(A) と表します

3 **適合度検定** ➡ p.238

適合度検定は，特性 A_1, A_2, A_3 の確率がそれぞれ

$$Pr(A_1) = p_1, \quad Pr(A_2) = p_2, \quad Pr(A_3) = p_3$$

かどうかを検定する方法．

要するに，理論度数と観測度数が一致しているかどうかの検定のこと．

たとえば，……

    1. 曲線のあてはまりのよさは？

    2. 母集団の分布は正規分布に一致しているか？

    3. 母集団の分布はポアソン分布に従っているといえるか？

    4. 遺伝子の観測比は理論比と一致しているか？

のように．

ところで，このようなとき，主張したいことは

"よくあてはまっている" とか "うまく一致している" とかいうこと．

そして，適合度検定の仮説は

        仮説 H_0：観測度数は理論度数によくあてはまっている

とか

        仮説 H_0：理論度数と観測度数はうまく一致している

のようになるのだが，

適合度検定の仮説が棄却されると，

度数 ＝データ数

        "理論度数と観測度数は一致しない"

ということになって，論文としては，少々困ってしまう．

次のデータは，2つの干潟において観察した，ちどり，しぎ，さぎの観測数です．

谷津干潟を A_1，藤前干潟を A_2，ちどりを B_1，しぎを B_2，さぎを B_3 として記号化してみよう．

谷津干潟と藤前干潟について

	ちどり	しぎ	さぎ
谷津干潟	210 羽	2500 羽	110 羽
藤前干潟	350 羽	3800 羽	230 羽

記号化 ⇒

データの型 パターン⓭

特性 グループ	B_1	B_2	B_3
A_1	$x(1,1)$	$x(1,2)$	$x(1,3)$
A_2	$x(2,1)$	$x(2,2)$	$x(2,3)$

パターン⓭の統計処理としては，次の $\boxed{1}$ ～ $\boxed{5}$ が考えられます．

クロス集計表

$\boxed{1}$ グラフ表現

このデータの型のように，2つのグループについて比較したいときは，グループごとに，棒グラフ，帯グラフ，円グラフなどで表現してみよう．

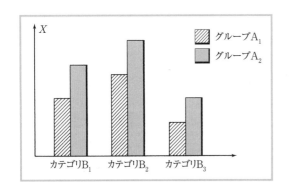

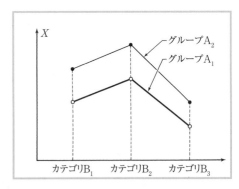

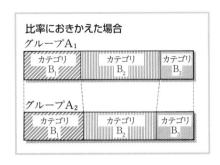

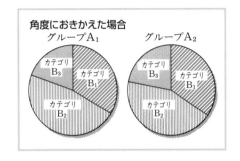

2 **基礎統計量** ➡ p.232

　このデータの値は，測定値といっても観測されるデータの個数なので，
それぞれの標本比率を計算してみよう．

3 **同等性の検定** ➡ p.232

　このデータの型は 2 つのグループ A_1, A_2 について，それぞれ
特性 B_1, B_2, B_3 をもつデータの個数を数えているので，知りたいことは

　　　　"グループ A_1 の特性 B_1，B_2，B_3 の比　と

　　　　　グループ A_2 の特性 B_1，B_2，B_3 の比　が同じかどうか？"

ということ．このようなときは同等性の検定をしよう．

比率の多重比較や
残差分析もあるよ

4 **独立性の検定** ➡ p.210

　データの 2 つの属性 A, B に対し，その属性 A と B の関連を
調べなければならないときがある．そのときは独立性の検定をしよう．

5 **リジット分析** ➡ 参考文献［すぐわかる医療統計の選び方］

　この分析は興味深いのですが，かなり特殊な検定手法です．

次のデータは，アメリカの大学生を対象におこなった，出身地と婚前交渉に関するアンケート調査の結果です．

大学生の意識調査

	賛成	どちらとも言えない	反対
東部	82人	121人	36人
南部	201人	373人	149人
西部	169人	142人	28人

記号化 ⇨

データの型 パターン⑭

A＼B	B_1	B_2	B_3
A_1	$x(1,1)$	$x(1,2)$	$x(1,3)$
A_2	$x(2,1)$	$x(2,2)$	$x(2,3)$
A_3	$x(3,1)$	$x(3,2)$	$x(3,3)$

個数のときは
独立性の検定

測定値のときは
分散分析

パターン⑭の統計処理としては，次の 1 ～ 7 が考えられます．

1 グラフ表現

3次元でグラフ表現しようとするならば，ステレオグラムが最適．

2 クロス集計表

アンケート調査をまとめるときに必要なものが，このクロス集計表．
項目Aの答えを A_1, A_2, A_3，項目Bの答えを B_1, B_2, B_3 とすれば，
この答えのすべての組合せ (A_i, B_j) がデータ型のパターン⑭となる．

③ 同等性の検定 ➡ p.232

　アンケート調査の結果，項目 A_1, A_2, A_3 の間に差異があるかどうかを調べるのが

同等性の検定．つまり，項目 A_1, A_2, A_3 におけるそれぞれの比 $B_1 : B_2 : B_3$ が

同じかどうかを検定するのが同等性の検定と呼ばれているもので，

仮説が棄却されると，3つの項目 A_1, A_2, A_3 の間に差があるとする．

④ 独立性の検定 ➡ p.210

　アンケート調査の分析でよく使われるのが，この独立性の検定．

　"独立"とは，"なんら関連がない"という意味なので，

2つの属性の間になにか関連がありそうだと思われるときは，

この検定をしてみよう．さらに，残差分析もあります！

⑤ くり返しのない2元配置の分散分析 ➡ p.164

　2つの因子 A と B が長方形のように縦と横に並んでいるとき，その配列を

2元配置という．それぞれのマス目 (A_i, B_j) の中で何回か実験をくり返すのが

一般的なのだが，それが1回だけの場合をくり返しのない2元配置という．

　このくり返しのない2元配置の分散分析をすれば，因子 A，または

因子 B における水準間に差があるかどうかを調べることができる．

⑥ 反復測定による1元配置の分散分析 ➡ p.132

　反復測定はくり返し測定すること．使用前・使用後とか

投与前・1分後・5分後・10分後のように，同じ被験者に対し，

次々と水準を変えて測定した場合には，

反復測定による分散分析をしよう．

> 反復測定による1元配置の分散分析
> = Repeated Measures ANOVA

⑦ フリードマンの検定 ➡ p.140

　次のデータは，薬剤の時間と薬剤の量の 12 個の組合せに対し
それぞれオタマジャクシを 3 匹ずつ測定しています．

薬剤の効果を調べる

薬剤の量 / 薬剤の時間	100 μg	600 μg	2400 μg
3 時間	13.2 15.7 11.9	16.1 15.7 15.1	9.1 10.3 8.2
6 時間	22.8 25.7 18.5	24.5 21.2 24.2	11.9 14.3 13.7
12 時間	21.8 26.3 32.1	26.9 31.3 28.3	15.1 13.6 16.2
24 時間	25.7 28.8 29.5	30.1 33.8 29.6	15.2 17.3 14.8

記号化

3 時間から 24 時間の間に
対応関係はありません

100 μg から 2400 μg の間にも
対応関係はありません

くり返し数 ＝ N
このデータでは
N ＝ 3

記号化してみると，次のようになります．

データの型 パターン ⑮

	B_1	B_2	B_3
A_1	$x(1,1,1)$ ⋮ $x(1,1,N)$	$x(1,2,1)$ ⋮ $x(1,2,N)$	$x(1,3,1)$ ⋮ $x(1,3,N)$
A_2	$x(2,1,1)$ ⋮ $x(2,1,N)$	$x(2,2,1)$ ⋮ $x(2,2,N)$	$x(2,3,1)$ ⋮ $x(2,3,N)$
A_3	$x(3,1,1)$ ⋮ $x(3,1,N)$	$x(3,2,1)$ ⋮ $x(3,2,N)$	$x(3,3,1)$ ⋮ $x(3,3,N)$
A_4	$x(4,1,1)$ ⋮ $x(4,1,N)$	$x(4,2,1)$ ⋮ $x(4,2,N)$	$x(4,3,1)$ ⋮ $x(4,3,N)$

（表頭・表側は「要因／要因」）

 対応のない因子と対応のない因子の2元配置です

要因が2個なので
2元配置だよ

パターン⑮の統計処理としては，次の 1 〜 4 が考えられます．

① グラフ表現

データがたくさん集まっているので，このままでは特徴をとらえるのが大変．そこで，各 (A_i, B_j) ごとに平均値 $\bar{x}_{ij}$ をとり，それをグラフで表してみよう．すると，次のようにグラフ表現をすることができる．

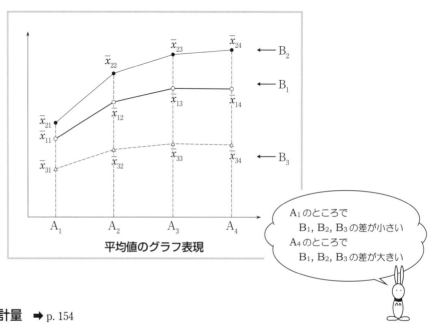

平均値のグラフ表現

A_1 のところで B_1, B_2, B_3 の差が小さい A_4 のところで B_1, B_2, B_3 の差が大きい

② 基礎統計量 ➡ p.154

基礎統計量としては

　　　[1] 2つの水準の組 (A_i, B_j) における ………平均値 $\bar{x}_{ij}$ と分散 s_{ij}^2

　　　[2] 横をながめて水準 A_i における…………平均値 $\bar{x}_{i\cdot}$ と分散 $s_{i\cdot}^2$

　　　[3] 縦をながめて水準 B_j における…………平均値 $\bar{x}_{\cdot j}$ と分散 $s_{\cdot j}^2$

などがある．

　もちろん，全体の平均値 $\bar{x}$ も大切．

　それぞれの水準における母平均の区間推定もしてみよう．

3 2元配置の分散分析・多重比較・下位検定 ➡ p. 154

このデータの型で知りたいことは

　　　　"水準 A_1, A_2, A_3, A_4 の間に差があるかどうか？"

もしあるとすれば

　　　　"どの水準 A_i と，どの水準 A_j の間か？"

ということになるだろう.

因子には
固定因子と変量因子
がありますが
ここでは固定因子です

　もちろん，水準 B_1, B_2, B_3 についても同様.

　このようなときは，2元配置の分散分析と多重比較をしてみよう.

　1元配置の分散分析と大きく異なる点は，

　　　　"2つの因子の交互作用 $A \times B$ の存在"

について!

　コンピュータの出力を見て，もし交互作用が存在したとなれば，
それから先の分析は慎重に!!

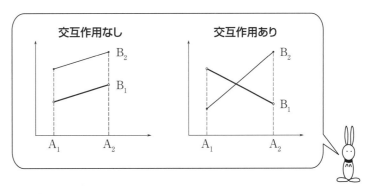

　研究分野によっては，交互作用が存在した場合，あきらめないで，
次に，それぞれの水準ごとに下位検定をすることがあります.

4 線型混合モデル ➡ 参考文献［19］

この分析は……，ちょっと難しいですね.

次のデータ型の場合，どのような統計処理があるのだろうか？

データの型 パターン⑯

時間 T	変数 X_1	変数 X_2	変数 X_3
$t(1)$	$x_1(1)$	$x_2(1)$	$x_3(1)$
$t(2)$	$x_1(2)$	$x_2(2)$	$x_3(2)$
$\vdots$	$\vdots$	$\vdots$	$\vdots$
$t(N)$	$x_1(N)$	$x_2(N)$	$x_3(N)$

このデータの型の特徴は，データの中に

"時間という変数が含まれている"

という点にあります．

このように，時間とともに変化するデータを時系列データといいます．

統計処理としては，次の ① ～ ⑨ が考えられます．

ところで，変数が 1 個の時系列データの場合
次のように表現します

時点	1	2	3	⋯	$t-2$	$t-1$	t
時系列 X	$x(1)$	$x(2)$	$x(3)$	⋯	$x(t-2)$	$x(t-1)$	$x(t)$

1 グラフ表現

時系列データのグラフ表現は，折れ線グラフが最適！

折れ線グラフで
変化を見よう！

2 移動平均

折れ線グラフを滑らかにすると，その変化の特徴を読み取ることができる．

3 項移動平均，5 項移動平均，12 カ月移動平均などがある．

3 指数平滑法

時点 t の実測値を $x(t)$，時点 t の 1 期先の予想値を $\hat{x}(t, 1)$ としたとき，

$$\hat{x}(t, 1) = \alpha \times x(t) + (1 - \alpha) \times \hat{x}(t - 1, 1)$$

として，明日の予測をすることができる．

4 自己相関係数

5 交差相関係数

6 自己回帰 AR(p)モデル

7 ARIMA(p, d, q)モデル

参考文献『入門はじめての時系列分析』
『SPSS による時系列分析の手順』

8 カプラン・マイヤー法

9 コックス回帰分析

参考文献『SPSS による医学・歯学・薬学のための統計解析』

次のデータ型の場合，どのような統計処理があるのだろうか？

データの型 パターン **17**

調査回答者 No.	変数 X_1	変数 X_2	変数 X_3
A_1	$x_1(1)$	$x_2(1)$	$x_3(1)$
A_2	$x_1(2)$	$x_2(2)$	$x_3(2)$
$\vdots$	$\vdots$	$\vdots$	$\vdots$
A_N	$x_1(N)$	$x_2(N)$	$x_3(N)$

このデータの型の特徴は，データの中に

　　　"調査回答者という変数が含まれている"

という点にあります．

"調査回答者" のことを
"調査対象者" ともいいます

このようなデータは，アンケート調査によって得られます．

統計処理としては，次の 1 〜 10 が考えられます．

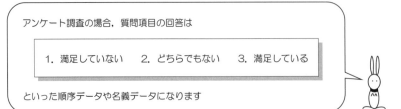

アンケート調査の場合，質問項目の回答は

| 1. 満足していない　　2. どちらでもない　　3. 満足している |

といった順序データや名義データになります

1 グラフ表現

アンケート調査の集計結果は，人数になることが多いので
棒グラフや円グラフが適している．

人数 ＝ データの個数
＝ 度数

2 相関分析

2つの質問項目の関連を調べるときには，相関係数を利用しよう！

順序データが多いアンケート調査では，ケンドールの順位相関係数や
スピアマンの順位相関係数があります．

3 無相関の検定

4 相関係数の差の検定

5 クロス集計表

6 独立性の検定と残差分析

7 比率の区間推定

8 比率の差の検定

9 コレスポンデンス分析

10 多重応答分析

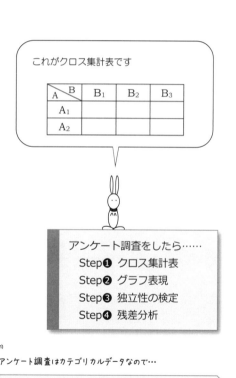

これがクロス集計表です

A＼B	B₁	B₂	B₃
A₁			
A₂			

アンケート調査をしたら……
Step❶ クロス集計表
Step❷ グラフ表現
Step❸ 独立性の検定
Step❹ 残差分析

アンケート調査はカテゴリカルデータなので…

参考文献『SPSS によるアンケート調査のための統計処理』

第 1 章

基礎統計量と母平均の区間推定

SPSS を使って，基礎統計量と母平均の区間推定を求めてみよう！

次のデータは，ウエイトレスのアルバイトをしている女子大生 8 人の時給です．

表1.1 ウエイトレスの時給

No.	時給
1	850 円
2	1000 円
3	1100 円
4	950 円
5	1200 円
6	900 円
7	1050 円
8	800 円

データの型　パターン❶

このデータの分析は
『すぐわかる
　　　統計処理の選び方』
パターン①も
参考にしてください

たとえば
平均時給はいくらからいくらまでとか…

分析したいことは？

● データの平均値や分散など，基礎統計量を計算してみよう．

● 次に，母集団の平均値を推定してみよう．

【データ入力の型】

このデータの型パターン❶の入力が，データ入力の基本の形です *!!*

次の画面のように，変数 var のところを変数名 時給 として，
あとは，上から順に

ケース1　に　　850

➡　ケース2　に　1000

➡　ケース3　に　1100

⋮　　　⋮

➡　ケース8　に　　800

と数値を入力します．

変数名の入力には
変数ビューを
データの入力には
データビューを
使います

ファイル名

変数

変数などを入力

変数名の
詳しい入力の手順は
p.42〜45を
見て下さい

データを入力

【データ入力の手順】

手順① データを入力するときは，次の画面から！

そこで，画面左下の 変数ビュー をマウスでカチッ！

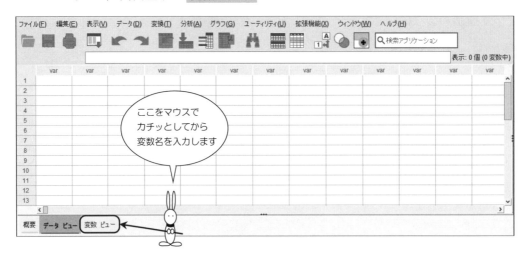

手順② すると， 変数ビュー の画面に変わるので

名前の下のセルに変数名を入力しよう．

手順 3 次のように 名前 の下のセルに時給と入力.
　　　　 そして, ⏎.

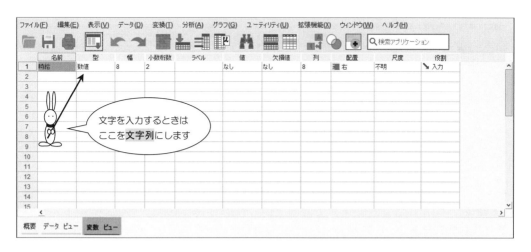

手順 4 すると, 型 や 幅 や 小数桁数 のセルに, いろいろなものが現れます.

手順⑤ 時給のデータは小数桁数が 0 なので，小数桁数 の2を 0 に変えよう．
そして，画面左下の データビュー をクリック．

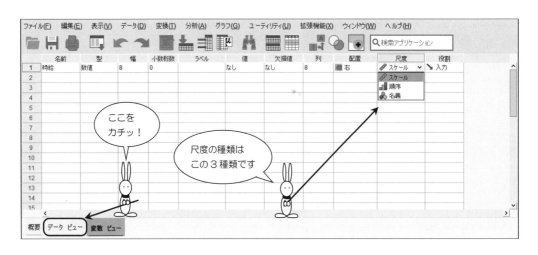

手順⑥ すると，画面が次のように変わります．

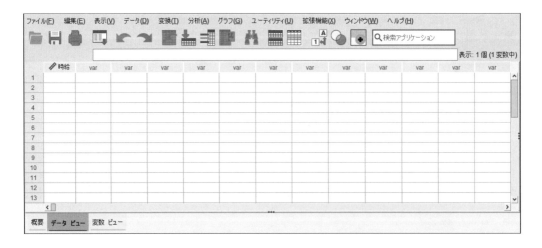

手順⑦ あとは，時給 のところに，上から順に，850，1000，… と数値を
入力しよう．

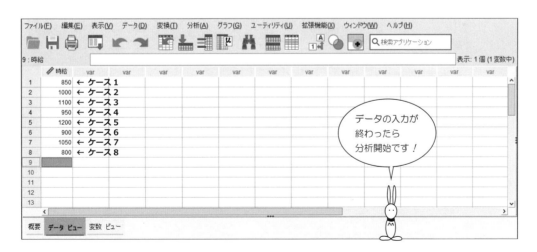

手順⑧ 次のような画面になれば，できあがり *!!*

統計処理に移るときは，この状態から 分析（A） をマウスでカチッ！

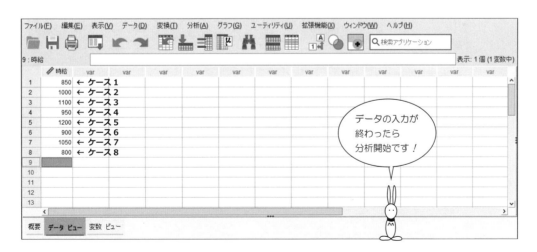

【統計処理のための手順】－基礎統計量と母平均の区間推定－

手順① 統計処理は，分析(A) をマウスでカチッとすることから始まる．

次のようなメニューが現れるので，基礎統計量や母平均の区間推定を求める

ときは，記述統計(E) の中の 探索的(E) をクリック!!

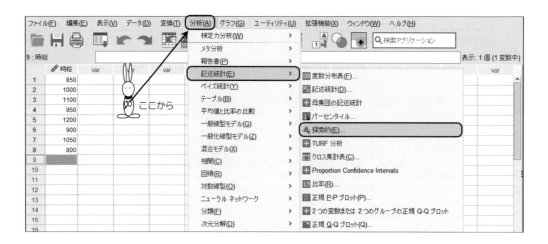

手順② すると，次の 探索的 の画面になるので，時給を 従属変数(D) の

ワクの中に移動させよう．

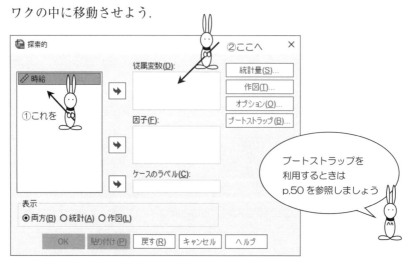

手順 3 時給をカチッとして，従属変数(D) の左側の ← をクリック．
あとは，OK ボタンをマウスでカチッ！

```
探索的                                            ×

                        従属変数(D):           統計量(S)...
                    ←   ✎ 時給                 作図(T)...
                                              オプション(O)...
                        因子(F):               ブートストラップ(B)...

                    ➡

                        ケースのラベル(C):
                    ➡

  表示
  ◉両方(B) ○統計(A) ○作図(L)

      OK    貼り付け(P)  戻す(R)  キャンセル   ヘルプ
```

分布の正規性を調べたいときは
作図（T）をクリックして

　　□正規性の検定とプロット（O）

をチェックしよう！

```
探索的分析: 作図                              ×

  箱ひげ図                      記述統計
  ◉ 従属変数ごとの因子レベル(F)   ☑幹葉図(S)
  ○ 因子レベルごとの従属変数(D)   □ヒストグラム(H)
  ○ なし(N)

  ☑正規性の検定とプロット(O)
  Levene 検定と水準と広がりの図
  ◉ なし(E)
  ◉ べき乗推定(P)
  ◉ 変換(T) べき乗(W): 自然対数
  ◉ 変換なし(U)

      続行   キャンセル   ヘルプ
```

探索的

記述統計

			統計量	標準誤差	
時給	平均値		981.25	47.186	
	平均値の 95% 信頼区間	下限	869.67		← ①
		上限	1092.83		
	5% トリム平均		979.17		
	中央値		975.00		
	分散		17812.500		
	標準偏差		133.463		
	最小値		800		
	最大値		1200		
	範囲		400		
	4分位範囲		225		
	歪度		.296	.752	← ②
	尖度		-.652	1.481	← ③

これが箱ヒゲ図で〜す

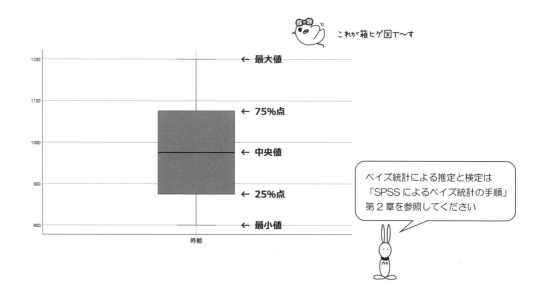

← 最大値

← 75%点

← 中央値

← 25%点

← 最小値

時給

ベイズ統計による推定と検定は
「SPSS によるベイズ統計の手順」
第2章を参照してください

【出力結果の読み取り方】

← ① 下側信頼限界と上側信頼限界のこと.

　　出力結果を見ると（下限 = 869.67，上限 = 1092.83）となっているので

　　　　"母平均は，869.67 から 1092.83 の間に入っている"

ことがわかります.

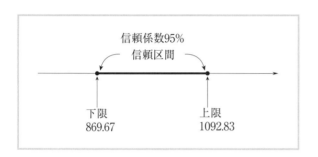

← ② ┌ **SPSS の歪度の定義** ─────────────────────

$$歪度 = \frac{N \times M_N^3}{(N-1) \times (N-2) \times s^3} \qquad ただし \begin{cases} M_N^3 = \sum_{i=1}^{N}(x_i - \bar{x})^3 \\[2mm] s^2 = \dfrac{\sum_{i=1}^{N}(x_i - \bar{x})^2}{N-1} \end{cases}$$

← ③ ┌ **SPSS の尖度の定義** ─────────────────────

$$尖度 = \frac{1}{N} \times \frac{M_N^4}{s^4} \times \frac{N \times N \times (N+1)}{(N-1) \times (N-2) \times (N-3)} - 3 \times \frac{(N-1) \times (N-1)}{(N-2) \times (N-3)}$$

$$ただし,\quad M_N^4 = \sum_{i=1}^{N}(x_i - \bar{x})^4,\quad s^2 = \frac{\sum_{i=1}^{N}(x_i - \bar{x})^2}{N-1}$$

【SPSS によるブートストラップの手順】

手順3の画面の ブートストラップ(B) をクリックすると

次の画面が現れるので

□ ブートストラップの実行

をチェックします.

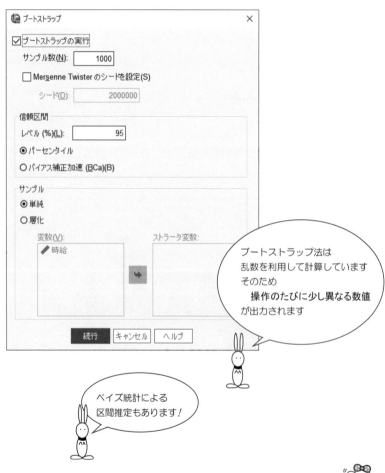

ブートストラップ法は
乱数を利用して計算しています
そのため
　操作のたびに少し異なる数値
が出力されます

ベイズ統計による
区間推定もあります!

ブートストラップ法をするにはオプションが必要です

【SPSS によるブートストラップの出力】

記述統計

			統計量	標準誤差	バイアス	標準誤差	95% 信頼区間 下限	95% 信頼区間 上限
時給	平均値		981.25	47.186	-.79	44.17	893.75	1068.75
	平均値の 95% 信頼区間	下限	869.67					
		上限	1092.83					
	5% トリム平均		979.17		.03	46.24	890.35	1073.54
	中央値		975.00		-1.10	59.81	850.00	1100.00
	分散		17812.500		-2276.518	6234.145	4955.357	28169.643
	標準偏差		133.463		-11.546	25.936	70.394	167.838
	最小値		800					
	最大値		1200					
	範囲		400					
	4分位範囲		225		-15	68	88	350
	歪度		.296	.752	-.067	.645	-1.015	1.587
	尖度		-.652	1.481	.173	1.348	-2.197	2.954

（表見出し：ブートストラップ^a）

a. 特に記述のない限り、ブートストラップの結果は 1000 ブートストラップ サンプル に基づきます。

ブートストラップ法による 95％の信頼区間は，次のようになります.

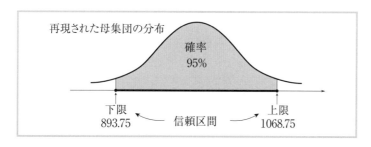

平均値のバイアス $= \dfrac{T_1^{*} + T_2^{*} \cdots + T_B^{*}}{B} - \bar{x}$

ただし
$T_1^{*} = 1$ 番目のブートストラップの値
$\vdots$
$T_B^{*} = B$ 番目のブートストラップの値

【SPSS によるヒストグラムの描き方】

次のデータは，ある産婦人科の病院で生まれた新生児 60 人の体重です．

表 1.2　60 人の新生児体重（g）

3470	2550	2920	2530	3280	2840	2520	3350	3610	3430
3020	3320	2790	3050	3620	3260	3320	3800	2640	3360
3320	4100	2720	4050	3850	3380	3040	2710	4150	3200
4120	2780	3220	2780	2490	2950	2580	2020	3010	2010
2800	3760	4480	2990	3700	2960	2320	3060	3200	3380
3100	2840	2990	3100	3530	3270	2600	3640	3300	4570

この表のように，データの個数が多いときは，

"データの特徴をとらえやすいように要約する"

ことが大切！

データの要約には，ヒストグラムや度数分布表などがあります．

ここでは，SPSS を使って，ヒストグラムを描いてみよう．

データ入力の手順は p.41 とまったく同じ．

要するに，データの個数が多いだけなので，

ケース 1　　に　3470

➡　ケース 2　　に　2550

⋮　　　⋮

➡　ケース 60　に　4570

と順に入力しよう．

データの個数が多いので
数値を間違えないように
入力しましょう

手順① グラフ(G) のメニューから

グラフボードテンプレート選択(G)

をクリック.

手順 2 次の画面になったら，新生児体重をクリック.

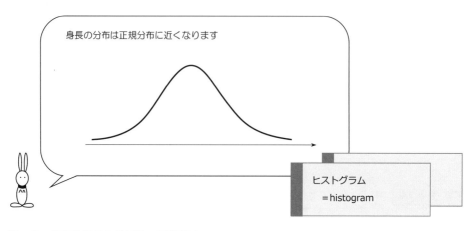

身長の分布は正規分布に近くなります

ヒストグラム
＝histogram

手順 3 すると，次の画面になるので，

　　　　正規曲線付きヒストグラム

を選択．そして， 詳細 をクリック．

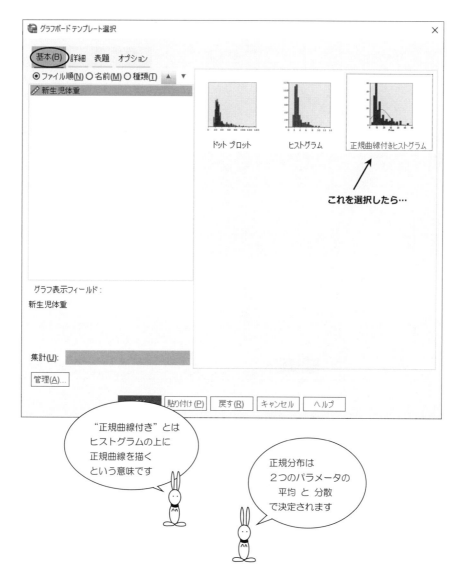

"正規曲線付き" とは
ヒストグラムの上に
正規曲線を描く
という意味です

正規分布は
2つのパラメータの
平均 と 分散
で決定されます

手順 4 詳細 の画面は次のようになっている.

そして, OK ボタンをクリックしよう.

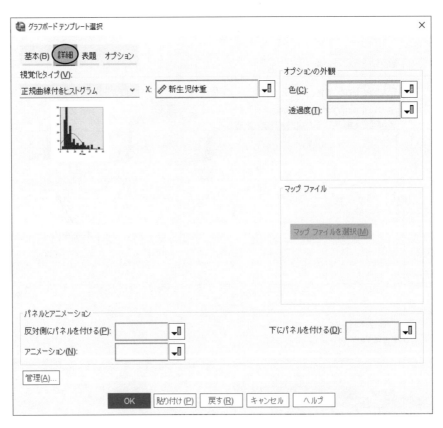

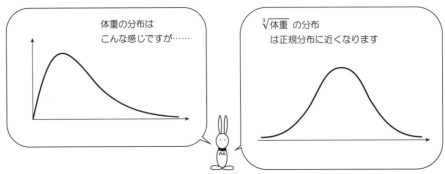

体重の分布は
こんな感じですが……

$\sqrt[3]{体重}$ の分布
は正規分布に近くなります

手順 5 しばらくすると，画面上に次のようなヒストグラムが現れる．

この図で満足できないときは，画面上をダブルクリックしてみよう *!!*

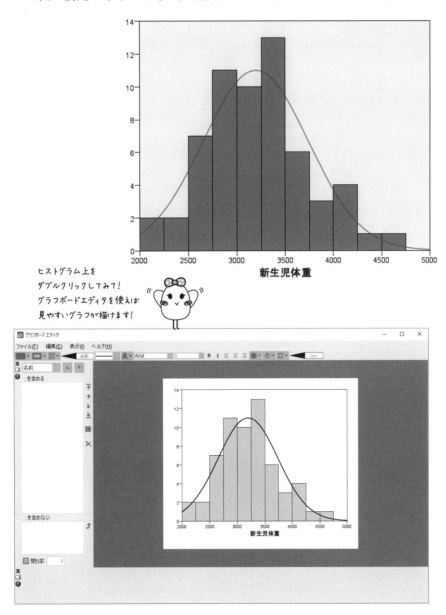

ヒストグラム上を
ダブルクリックしてみて！
グラフボードエディタを使えば
見やすいグラフが描けます！

第2章 2つの母平均の差の検定

SPSS を使って，2つの母平均の差の検定をしてみよう！

次のデータは，ウエイトレスとコンパニオンの時給を調査したものです．

表2.1　ウエイトレスとコンパニオンの時給

No.	ウエイトレスの時給	No.	コンパニオンの時給
1	850 円	1	1400 円
2	1000 円	2	1500 円
3	1100 円	3	2200 円
4	950 円	4	2000 円
5	1200 円	5	2500 円
6	900 円	6	2300 円
7	1050 円	7	1600 円
8	800 円		

↑
グループ A_1

↑
グループ A_2

データの型　パターン❷

このデータの分析は
『すぐわかる
　　統計処理の選び方』
パターン②も
参考にしてください

たとえば
ウエイトレスよりコンパニオンの方が
時給が高いとか…

分析したいことは？

● ウエイトレスとコンパニオンの平均時給に違いはあるのだろうか？

● 2つのグループに差があるのだろうか？

58

【データ入力の型】

　このデータの型パターン❷の場合，

グループ という変数を用意しておくことがミソ‼

　つまり， グループ という新しい変数を使って，

　　　　"グループ A_1 とグループ A_2 のデータを区別しよう"

というわけです．

SPSS では
グループ化変数
といいます

　次のようにデータを入力します．

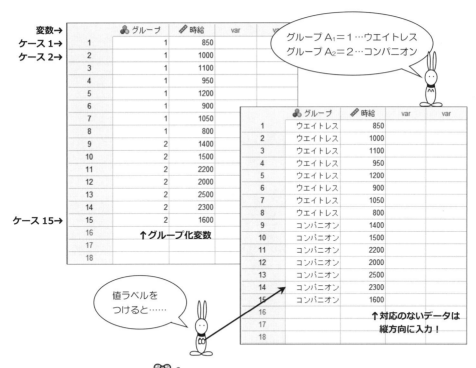

グループ A_1＝1…ウエイトレス
グループ A_2＝2…コンパニオン

値ラベルを
つけると……

↑グループ化変数

↑対応のないデータは
縦方向に入力！

論文や研究報告を書くときは
効果サイズや検出力を忘れずに

【データ入力の手順】

手順① データを入力するときは，次の画面から出発しよう．

画面左下の 変数ビュー を，マウスでカチッ！

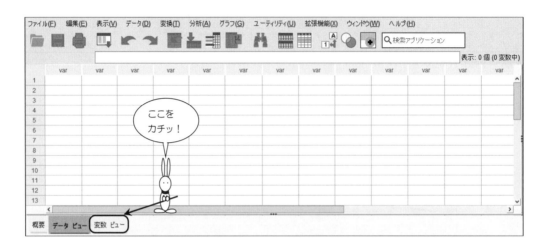

手順② すると 変数ビュー の画面が現れる． 名前 のところにグループ，

続いて，時給と入力．ここで， 値ラベル を利用してみよう！

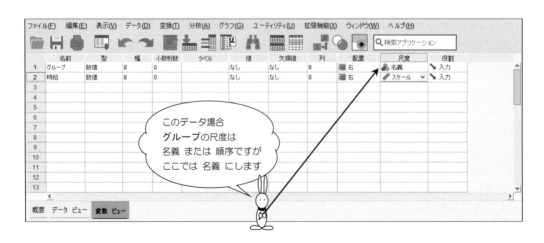

手順③ 値 のところをクリックすると，右端に次のような … が現れる．

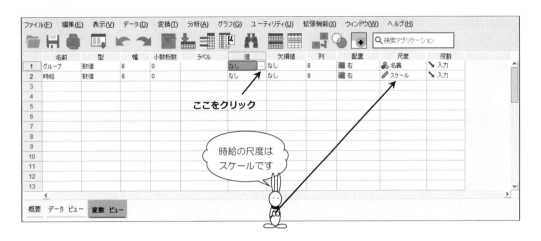

手順④ … をクリックすると，画面が次のように変わるので，

＋ をカチッとし， 値ラベル のところの

値(U)　　のワクに　 1

ラベル(L) のワクに　ウエイトレス

を入力します．

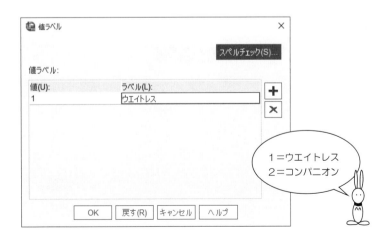

手順 5 続いて……, もう1回 ⊞ をカチッとしてから

　　　　 値(U) 　　　のワクに ２

　　　　 ラベル(L) のワクに コンパニオン

と入力します.

値に
ラベルをつけておくと
何かと便利です

手順 6 画面は次のようになるので, これで値ラベルは完了!

　　　　 あとは, OK ボタンを押します.

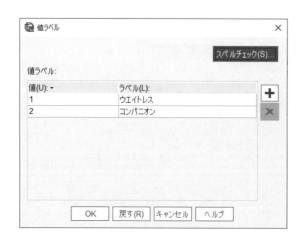

これで OK〜

手順 7 次の画面にもどったら，画面左下の データビュー をクリック.

手順 8 データビューの画面になったら，データを入力してゆきます.

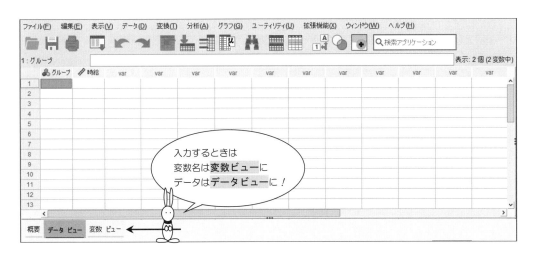

手順 9 ウエイトレスはグループ1なので

　　　　グループ　のところへ　1

　　　　時給　　　のところへ　850

手順 10 ウエイトレスのデータの入力が終わったら

　　次のように，コンパニオンのデータも入力します.

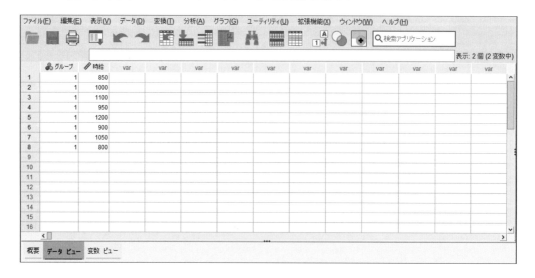

手順 11 コンパニオンのデータが入りました.

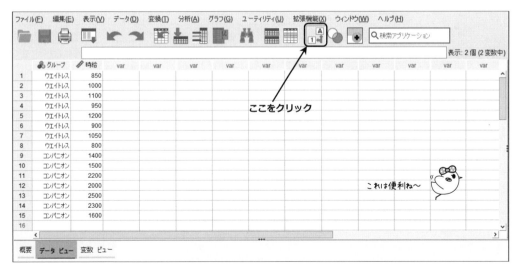

手順 12 ツールバーの ![icon] をクリックしてみよう. すると……

グループのところが次のように変わります.

ここをクリック

これは便利ね〜

【統計処理のための手順】— 2つの母平均の差の検定 —

手順① 分析(A) のメニューの中の 平均値と比率の比較 を選択.

続いて, 独立したサンプルの t 検定(T) を選択.

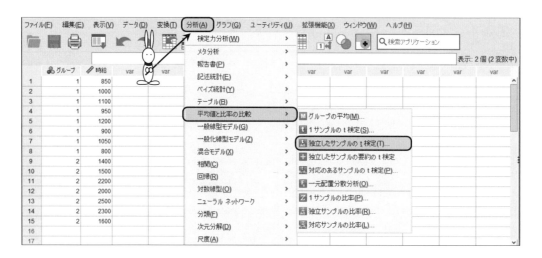

手順② すると, 次の 独立したサンプルの t 検定 の画面になります.

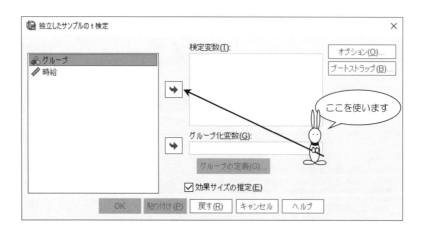

手順 ③ 時給を 検定変数(T) の中へ移動したいので，時給をカチッとして
続いて，検定変数(T) の左側の ← をクリック．
すると，次のように 検定変数(T) の中に時給が入ります．

手順 ④ グループをカチッとして，グループ化変数(G) の左側の
← をクリックすると，次のようにグループ(? ?) となります．

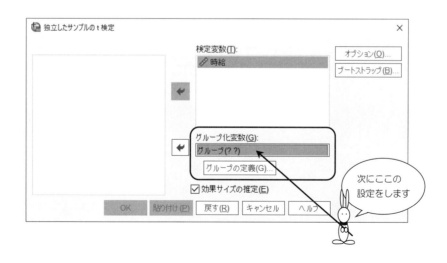

手順⑤ グループは，グループ1＝ $\boxed{1}$，グループ2＝ $\boxed{2}$ なので，

グループ(？？)をグループ(1 2)とします．そこで，

$\boxed{\text{グループの定義(G)}}$ をカチッとすると，次の小さな画面が現れる．

そこで，上のワクに $\boxed{1}$ を入力．続いて，下のワクに $\boxed{2}$ を入力．

そして，$\boxed{\text{続行}}$ をクリック．

手順⑥ すると，$\boxed{\text{グループ化変数(G)}}$ が次のようになるので，これで準備 OK.

あとは，$\boxed{\text{OK}}$ ボタンをマウスでカチッ！

【SPSS によるブートストラップの手順】

手順6の画面で ブートストラップ(B) をクリックしてから

□ ブートストラップの実行

をチェックします.　☞ p.74

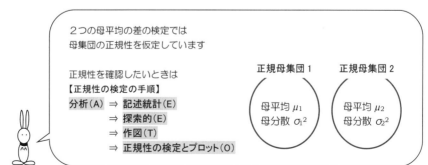

2つの母平均の差の検定では
母集団の正規性を仮定しています

正規性を確認したいときは
【正規性の検定の手順】
分析(A) ⇒ 記述統計(E)
　　　　⇒ 探索的(E)
　　　　⇒ 作図(T)
　　　　⇒ 正規性の検定とプロット(O)

正規母集団1
母平均 μ_1
母分散 σ_1^2

正規母集団2
母平均 μ_2
母分散 σ_2^2

【SPSS による出力】－２つの母平均の差の検定－

t 検定

グループ統計量

	グループ	度数	平均値	標準偏差	平均値の標準誤差
時給	ウエイトレス	8	981.25	133.463	47.186
	コンパニオン	7	1928.57	430.946	162.882

 これが基本ね～

独立サンプルの検定

等分散性のための Levene の検定

		F 値	有意確率
時給	等分散を仮定する	16.214	.001
	等分散を仮定しない		

① ②

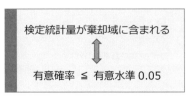

検定統計量が棄却域に含まれる

↕

有意確率 ≦ 有意水準 0.05

独立サンプルの検定

２つの母平均の差の検定

		t 値	自由度	有意確率 片側 p 値	有意確率 両側 p 値
時給	等分散を仮定する	-5.929	13	<.001	<.001
	等分散を仮定しない	-5.586	7.007	<.001	<.001

		平均値の差	差の標準誤差	差の 95% 信頼区間 下限	差の 95% 信頼区間 上限
時給	等分散を仮定する	-947.321	159.776	-1292.50	-602.15
	等分散を仮定しない	-947.321	169.579	-1348.23	-546.41

【出力結果の読み取り方】

　この出力で大切なポイントは，等分散性の検定と２つの母平均の差の検定 *!!*

←① 　Levene の検定は，等分散性の検定のことで

　　　　"仮説 H_0：等分散性を仮定する"

を検定している．この仮説が棄却されるかどうかで

２つの母平均の差の検定の検定統計量が異なってくる．

　　出力結果を見ると，

　　有意確率 0.001 ≦有意水準 0.05

なので，仮説 H_0 は棄てられる．

　　したがって，<u>等分散性を仮定できない</u>
ことがわかります．

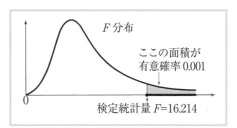

← ② 　２つの母平均の差の検定では

　　　　"仮説 H_0：２つのグループの母平均は等しい"

を検定している．Levene の検定の結果，等分散性を仮定できないので，

<mark>等分散を仮定しない</mark>方の検定統計量を採用する．

　　出力結果を見ると，等分散を仮定しない場合は，

　　　　t 値＝－ 5.586

　　　　有意確率（両側）＝ <.001

になっている．つまり

　　有意確率 <.001 ≦有意水準 0.05

なので，仮説 H_0 は棄てられる．

　　したがって，

<u>２つのグループの平均時給は異なる</u>
ことがわかります．

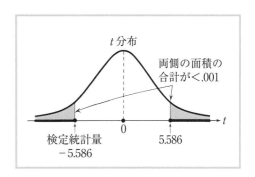

【SPSS による効果サイズの出力】

独立サンプルの効果サイズ

		Standardizer[a]	ポイント推定	95% 信頼区間 下限	95% 信頼区間 上限	
時給	Cohen の d	308.716	-3.069	-4.589	-1.498	← ③
	Hedges の補正	328.078	-2.887	-4.318	-1.409	← ④
	Glass のデルタ	430.946	-2.198	-3.746	-.584	← ⑤

a. 効果サイズの推定に使用する分母。
　Cohenのdは、プールされた標準偏差を使用します。
　Hedgesの補正は、プールされた標準偏差に補正係数を加えたものを使用します。
　Glassのデルタは、制御 (すなわち2 番目の) グループのサンプル標準偏差を使用します。

グループ 1　　　　　グループ 2

$N_1 = \boxed{8}$　　　$N_2 = \boxed{7}$

$\bar{x}_1 = \boxed{981.25}$　　　$\bar{x}_2 = \boxed{1928.57}$

$s_1 = \boxed{133.463}$　　　$s_2 = \boxed{430.946}$

プールされた標準偏差 $s = \boxed{308.716}$

ベイズ統計による推定と検定は
「SPSS によるベイズ統計の手順」
第 6 章を参照してください

【出力結果の読み取り方】

←③ $\qquad$ Cohenのd $= \dfrac{\bar{x}_1 - \bar{x}_2}{s}$

$\qquad\qquad\qquad = \dfrac{981.250 - 1928.57}{308.716}$

$\qquad\qquad\qquad = -3.069$

←④ $\quad$ Hedges の補正 $= \dfrac{\Gamma\left(\dfrac{N_1 + N_2 - 2}{2}\right)}{\sqrt{\dfrac{N_1 + N_2 - 2}{2}} \times \Gamma\left(\dfrac{N_1 + N_2 - 2 - 1}{2}\right)} \times \dfrac{\bar{x}_1 - \bar{x}_2}{s}$

$\qquad\qquad\qquad = \dfrac{287.8853}{2.5495 \times 120} \times (-3.069)$

$\qquad\qquad\qquad = -2.887$

> $\Gamma(\ )$は
> ガンマ関数

←⑤ $\quad$ Glass のデルタ $= \dfrac{\bar{x}_1 - \bar{x}_2}{s_2}$

$\qquad\qquad\qquad = \dfrac{981.25 - 1928.57}{430.946}$

$\qquad\qquad\qquad = -2.198$

【SPSS によるブートストラップの出力】

グループ統計量

	グループ		統計	バイアス	標準誤差	95% 信頼区間 下限	95% 信頼区間 上限	
時給	ウエイトレス	度数	8					
		平均値	981.25	-3.59	44.16	891.70	1062.50	← ⑥
		標準偏差	133.463	-11.314	28.774	64.562	174.998	
		平均値の標準誤差	47.186					
	コンパニオン	度数	7					
		平均値	1928.57	-1.15	152.59	1620.00	2219.92	← ⑦
		標準偏差	430.946	-36.205[b]	80.310[b]	180.278[b]	522.494[b]	
		平均値の標準誤差	162.882					

(上部: ブートストラップ[a]、95% 信頼区間)

a. 特に記述のない限り、ブートストラップの結果は 1000 ブートストラップ サンプル に基づきます。
b. 999 サンプルに基づく

独立サンプルの検定 のブートストラップ

		平均値の差	バイアス	標準誤差	有意確率 (両側)	95% 信頼区間 下限	95% 信頼区間 上限	
時給	等分散を仮定する	-947.321	-2.436	157.245	.011	-1249.909	-634.223	← ⑨
	等分散を仮定しない	-947.321	-2.436	157.245		-1249.909	-634.223	

(上部: ブートストラップ[a]、95% 信頼区間)

a. 特に記述のない限り、ブートストラップの結果は 1000 ブートストラップ サンプル に基づきます。

↑
⑧

ブートストラップ法は
乱数を利用して計算しています
そのため
操作のたびに異なる数値
が出力されます

【出力結果の読み取り方】

←⑥,⑦ 母平均の区間推定

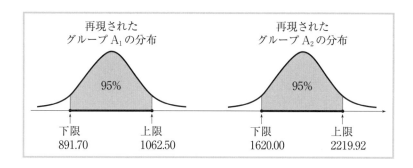

再現された
グループ A_1 の分布

95%

下限
891.70

上限
1062.50

再現された
グループ A_2 の分布

95%

下限
1620.00

上限
2219.92

←⑧ 有意確率 0.011 ≦ 有意水準 0.05 なので,仮説は棄却される.

　したがって,2つのグループ間に差があることがわかります.

←⑨ 母平均の差の区間推定

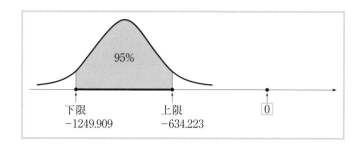

95%

下限
−1249.909

上限
−634.223

0

　2つのグループの差は

　　−1249.909 ≦ グループ A_1 −グループ A_2 ≦ −634.223 < 0

なので,グループ A_1 ＝グループ A_2 になることはありません.

つまり
差があるということ

【データ数 $N_1 = 5$，$N_2 = 5$ の場合の効果サイズ】

	🍀 グループ	✏️ 測定値
1	1	1.00
2	1	2.00
3	1	3.00
4	1	4.00
5	1	5.00
6	2	3.00
7	2	4.00
8	2	5.00
9	2	6.00
10	2	7.00
11		

ここでは，このデータを使います

グループ統計量

グループ	度数	平均値	標準偏差
1	5	3.0000	1.58114
2	5	5.0000	1.58114

2つの母平均の差の検定です

独立サンプルの検定

		t 値	自由度	有意確率 (両側)
測定値	等分散を仮定する	-2.000	8	.081
	等分散を仮定しない	-2.000	8.000	.081

独立サンプルの効果サイズ

		ポイント推定
測定値	Cohen の d	-1.265
	Hedges の補正	-1.142
	Glass のデルタ	-1.265

【データ数 $N_1 = 50$，$N_2 = 50$ の場合の効果サイズ】

グループ統計量

	グループ	度数	平均値	標準偏差
測定値	1	50	3.0000	1.42857
	2	50	5.0000	1.42857

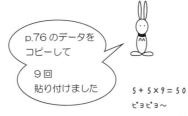

p.76 のデータを
コピーして
9 回
貼り付けました

$5 + 5 \times 9 = 50$
ピョピョ～

独立サンプルの検定

		等分散性のための Levene の検定				
		F 値	有意確率	t 値	自由度	有意確率 (両側)
測定値	等分散を仮定する	.000	1.000	-7.000	98	.000
	等分散を仮定しない			-7.000	98.000	.000

独立サンプルの効果サイズ

		ポイント推定
測定値	Cohen の d	-1.400
	Hedges の補正	-1.389
	Glass のデルタ	-1.400

データ数を 10 倍にしてみると
平均値は同じですが
標準偏差が小さくなります
したがって，効果サイズの絶対値は
大きくなります

第3章 ウィルコクスンの順位和検定

SPSS を使って，ウィルコクスンの順位和検定をしてみよう！

次のデータは，ウエイトレスとコンパニオンの時給を調査したものです．

表 3.1 ウエイトレスとコンパニオンの時給

No.	ウエイトレス の時給
1	850 円
2	1000 円
3	1100 円
4	950 円
5	1200 円
6	900 円
7	1050 円
8	800 円

↑
グループ A_1

No.	コンパニオン の時給
1	1400 円
2	1500 円
3	2200 円
4	2000 円
5	2500 円
6	2300 円
7	1600 円

↑
グループ A_2

データの型　パターン❷

このデータの分析は
『すぐわかる
　　　統計処理の選び方』
パターン②も
参考にしてください

時給の分布は
正規分布なの？

分析したいことは？

● 2つのグループの間に差はあるのだろうか？

● 2つの母集団に正規性を期待できなければ，ノンパラメトリック検定を！

【データ入力の型】

このデータは，第2章のデータとまったく同じです．

次のようにデータを入力しよう．

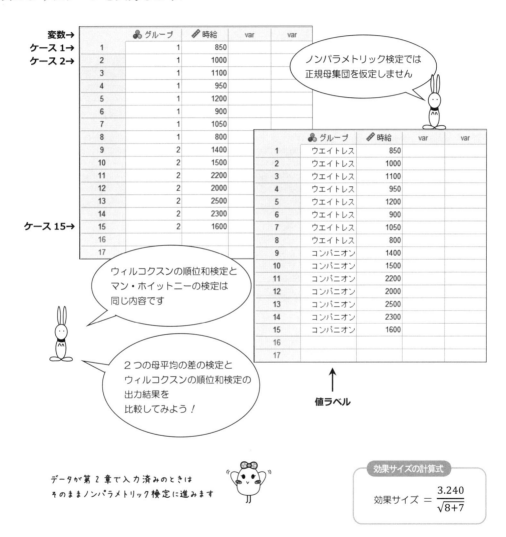

変数→
ケース1→
ケース2→

ケース15→

	🍀 グループ	✏ 時給	var	var
1	1	850		
2	1	1000		
3	1	1100		
4	1	950		
5	1	1200		
6	1	900		
7	1	1050		
8	1	800		
9	2	1400		
10	2	1500		
11	2	2200		
12	2	2000		
13	2	2500		
14	2	2300		
15	2	1600		
16				
17				

ノンパラメトリック検定では
正規母集団を仮定しません

	🍀 グループ	✏ 時給	var	var
1	ウエイトレス	850		
2	ウエイトレス	1000		
3	ウエイトレス	1100		
4	ウエイトレス	950		
5	ウエイトレス	1200		
6	ウエイトレス	900		
7	ウエイトレス	1050		
8	ウエイトレス	800		
9	コンパニオン	1400		
10	コンパニオン	1500		
11	コンパニオン	2200		
12	コンパニオン	2000		
13	コンパニオン	2500		
14	コンパニオン	2300		
15	コンパニオン	1600		
16				
17				

ウィルコクスンの順位和検定と
マン・ホイットニーの検定は
同じ内容です

値ラベル

2つの母平均の差の検定と
ウィルコクスンの順位和検定の
出力結果を
比較してみよう！

データが第2章で入力済みのときは
そのままノンパラメトリック検定に進みます

効果サイズの計算式

$$効果サイズ = \frac{3.240}{\sqrt{8+7}}$$

【統計処理のための手順】－ウィルコクスンの順位和検定－

手順 ① 分析(A) の中の

ノンパラメトリック検定(N) ⇨ 独立サンプル(I)

を選択しよう.

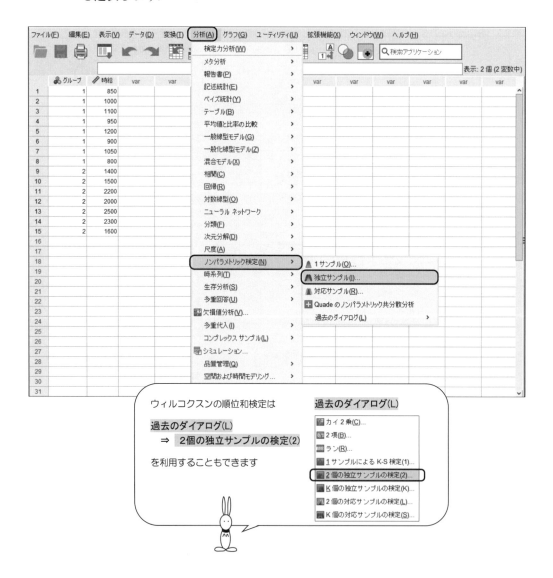

ウィルコクスンの順位和検定は

過去のダイアログ(L)
   ⇒ **2個の独立サンプルの検定(2)**

を利用することもできます

手順② 次の 2個以上の独立したサンプル の画面になったら

○ 分析のカスタマイズ(C)

をチェックしよう.

そして, フィールド をクリック.

Customize analysis とは
"自分の研究内容に合わせて
分析方法を設定する"
とか……

"分析方法を
ユーザーが選択する"
ということです

手順③ フィールド の画面になったら

時給 　を　 検定フィールド(T)

グループ　を　 グループ(G)

に移動しよう.

そして, 設定 をクリック.

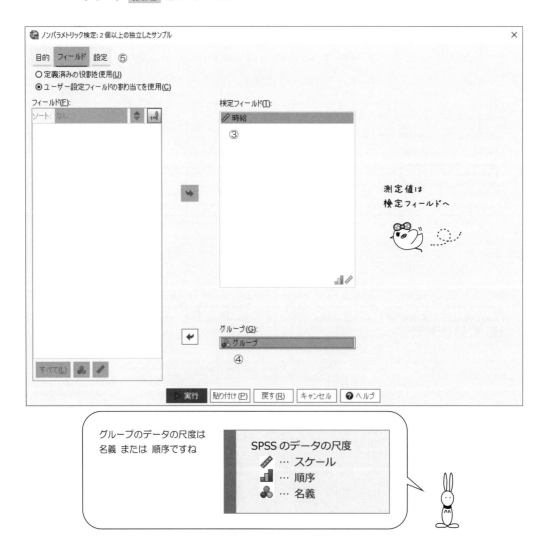

○ 検定のカスタマイズ (C)

をクリックしたあと

□ Mann-Whitney の U（2 サンプル）(H)

をチェックしよう.

あとは，▶実行 ボタンをマウスでカチッ.

Mann-Whitney の U と
ウィルコクスンの W は
同じ内容の検定です

2 つのグループの小さいほうの
データ数を N とすると

$$U = W - \frac{1}{2} N(N+1)$$

$$56 = 84 - \frac{1}{2} \times 7 \times (7+1)$$

【SPSS による出力】－ウィルコクスンの順位和検定－

ノンパラメトリック検定

仮説検定の要約

	帰無仮説	検定	有意確率[a,b]	決定
1	時給 の分布は グループ のカテゴリで同じです。	独立サンプルによる Mann-Whitney の U の検定	<.001[c]	帰無仮説を棄却します。

a. 有意水準は .050 です。

b. 漸近的な有意確率が表示されます。

c. この検定の正確な有意確率が表示されます。

独立サンプルによる Mann-Whitney の U の検定の要約

合計数	15	← ①
Mann-Whitney の U	56.000	← ①
Wilcoxon の W	84.000	← ①, ②-1
検定統計量	56.000
標準誤差	8.641
標準化された検定統計量	3.240	← ①, ③-1
漸近有意確率 (両側検定)	.001	← ③-2
正確な有意確率 (両側検定)	.000	← ②-2

独立サンプルによる Mann-Whitney の U の検定
グループ

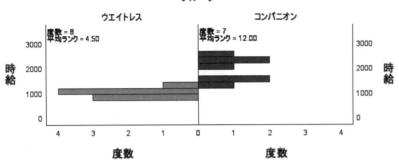

【出力結果の読み取り方】

←① Mann-Whitney の U 検定と Wilcoxon の順位和 W 検定は同じ検定です *!!*

　　ただし，検定統計量 U と W は少しずれている．

　　ウィルコクスンの順位和検定は

　　　　"仮説 H_0：2 つのグループの分布の位置は同じ"

　　を検定するもので，平均値の代わりに中央値を利用しています．

←②-1，②-2　2 つの出力結果を見ると，

　　Wilcoxon の検定統計量 W は 84.000 で

　　その正確有意確率（両側）は 0.000．

　　　つまり

　　　有意確率 0.000 ≦ 有意水準 0.05

　　なので，仮説 H_0 は棄てられる．

　　　したがって，

　　2 つのグループの時給に差がある

　　ことがわかります．

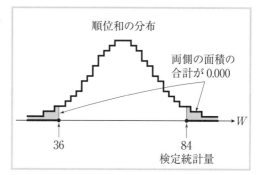

←③-1，③-2　正規分布で近似したときの

　　検定統計量 Z が 3.240 で

　　その漸近有意確率（両側）が 0.001．

　　　有意確率 0.001 ≦ 有意水準 0.05

　　なので，仮説 H_0 は棄却されます．

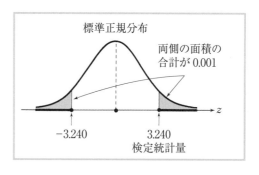

第4章

対応のある2つの母平均の差の検定

SPSSを使って，対応のある2つの母平均の差の検定をしてみよう！

次のデータは，7人の女性のリンゴダイエットによる体重の変化を調べたものです.

表4.1　リンゴダイエットによる体重の変化

被験者	ダイエット前の体重	ダイエット後の体重
A	53.0 kg	51.2 kg
B	50.2 kg	48.7 kg
C	59.4 kg	53.5 kg
D	61.9 kg	56.1 kg
E	58.5 kg	52.4 kg
F	56.4 kg	52.9 kg
G	53.4 kg	53.3 kg

↑ グループ A_1　　　↑ グループ A_2

データの型　パターン❹

このデータの分析は
『すぐわかる
　　統計処理の選び方』
パターン④も
参考にしてください

たとえば
ダイエット後に
体重は減ったの？

分析したいことは？

● リンゴダイエットによって本当に体重が減るのだろうか？

【データ入力の型】

　このデータのように，左の変数と右の変数の間に対応関係のある場合，
対応のあるデータは横方向に，対応のないデータは縦方向に入力します．

次のようにデータを入力しよう．

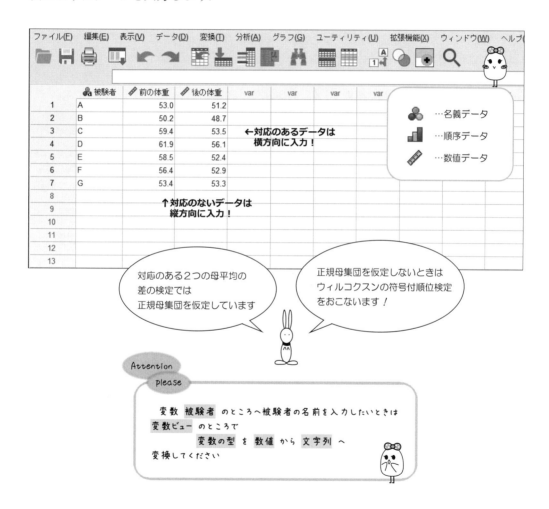

【データ入力の手順】

手順① データを入力するときは，次の画面から出発しよう．

はじめに，画面左下の 変数ビュー をマウスでカチッ！

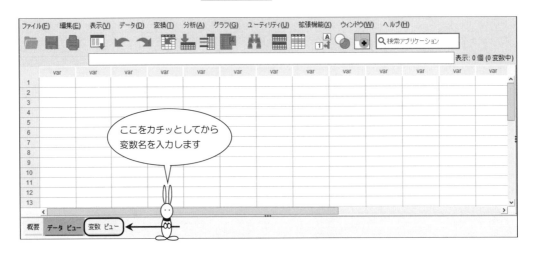

手順② 次のような画面が現れたら，名前 の下に変数名の被験者を入力し ⏎ ．

型 のセルが 数値 … となるので，… をクリック．

手順 ③ 次のようなダイアログボックスが現れたら…,

変数名の被験者は文字データが入るので,

○ 文字列

をクリックして, OK ボタンを押します.

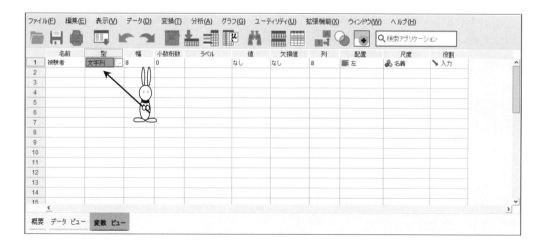

手順 ④ すると, 型 のところが, 数値 から 文字列 に変わるので…

手順 ⑤ 画面の右端に 尺度 があるので, セルの中が 名義 になっていることを

確認しておこう.

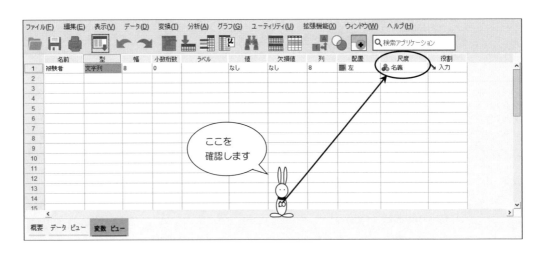

手順 ⑥ 名義 をクリックすると, 次のように

順序 も用意されていることがわかる.

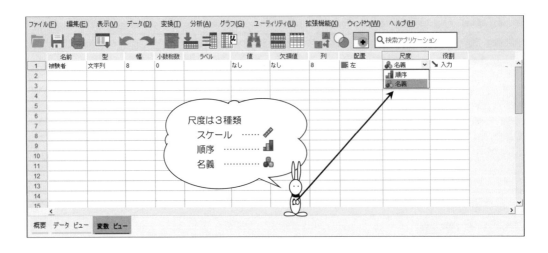

手順 7 名前 のところにもどって，2番目のセルに前の体重を入力.

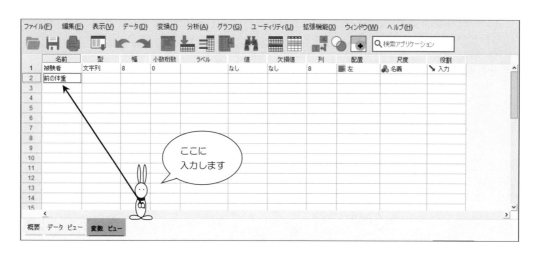

ここに
入力します

手順 8 この変数のデータは小数点1ケタなので，

小数桁数 の2番目のところに 1 と入力しよう.

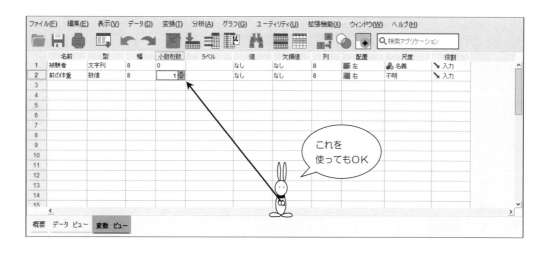

これを
使ってもOK

手順 9 変数名が前の体重だけではわかりにくいので

ラベル の2番目のところに，ダイエット前の体重と入力しておこう．

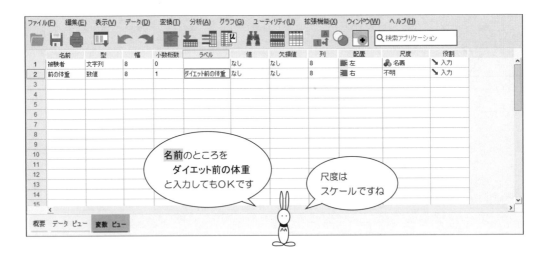

手順 10 もう一度 名前 のところにもどって，3番目のセルに

後の体重と入力しよう．

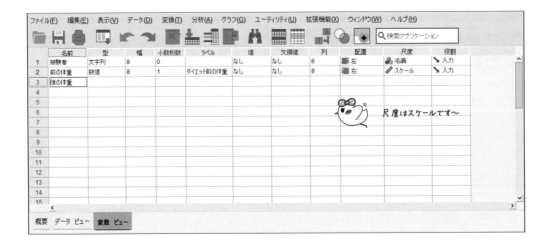

手順⑪ この変数のデータも小数点1ケタなので，小数桁数 のところに 1 と入力.

	名前	型	幅	小数桁数	ラベル	値	欠損値	列	配置	尺度	役割
1	被験者	文字列	8	0		なし	なし	8	左	名義	入力
2	前の体重	数値	8	1	ダイエット前の体重	なし	なし	8	右	スケール	入力
3	後の体重	数値	8	1		なし	なし	8	右	スケール	入力
4											
5											
6											
7											
8											
9											
10											
11											
12											
13											
14											
15											

手順⑫ ラベル のところには，ダイエット後の体重と入力.

そして，画面左下の データ ビュー をクリック.

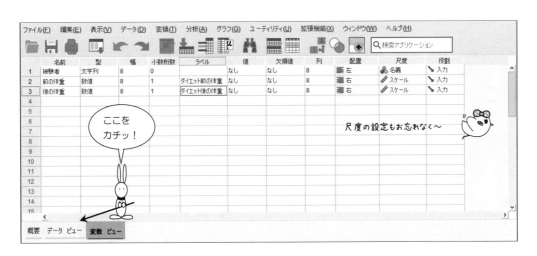

ここを
カチッ！

尺度の設定もお忘れなく～

手順⑬ 次のように，変数のところに 名前 ， 前の体重 ， 後の体重 と入ったら，
被験者の名前を入力しよう．

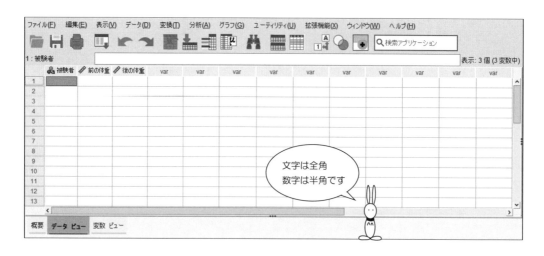

手順⑭ 名前が全部入ったら，2列目のセルの上から順に
53.0, 50.2, … とデータを入力．

手順(15) ダイエット前の体重が全部入力し終わったら，3列目のセルへ移動.

そして，上から 51.2, 48.7, … とデータを入力.

	被験者	前の体重	後の体重	var	var	var	var	var	var	var	var	var	var
1	A	53.0	51.2										
2	B	50.2	48.7										
3	C	59.4	53.5										
4	D	61.9											
5	E	58.5											
6	F	56.4											
7	G	53.4											

手順(16) 次のようにダイエット後の体重も入力すれば，これでできあがり.

	被験者	前の体重	後の体重	var	var	var	var	var	var	var	var	var	var
1	A	53.0	51.2										
2	B	50.2	48.7										
3	C	59.4	53.5										
4	D	61.9	56.1										
5	E	58.5	52.4										
6	F	56.4	52.9										
7	G	53.4	53.3										

入力が終わりました〜

【統計処理のための手順】 − 対応のある 2 つの母平均の差の確保 −

手順① 分析（A） の中から 平均値と比率の比較 を選択し，続いて

サブメニューの中から 対応のあるサンプルの t 検定（P） を選択.

手順② 次の画面が現れるので，ダイエット前の体重を

マウスで選択.

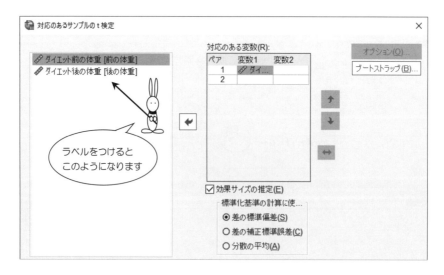

手順 ③ そこで，ダイエット前の体重を 変数1 へ，ダイエット後の体重を 変数2 へドラッグして移動．あとは， OK ！

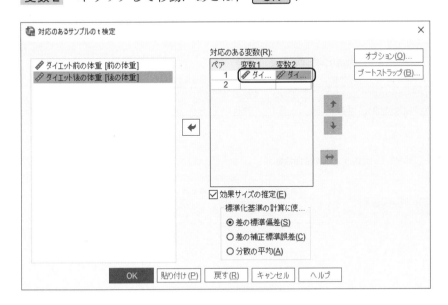

手順 ④ ところで，ブートストラップを利用するときは……

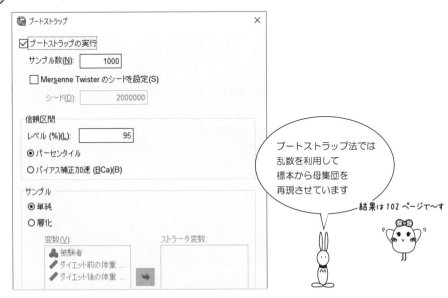

ブートストラップ法では
乱数を利用して
標本から母集団を
再現させています

結果は 102 ページで～す

【SPSS による出力】－対応のある 2 つの母平均の差の検定－

t 検定

対応サンプルの統計量

		平均値	度数	標準偏差	平均値の標準誤差
ペア1	ダイエット前の体重	56.114	7	4.1249	1.5591
	ダイエット後の体重	52.586	7	2.2675	.8570

対応サンプルの相関係数

				有意確率	
		度数	相関係数	片側 p 値	両側 p 値
ペア1	ダイエット前の体重 & ダイエット後の体重	7	.861	.006	.013

対応サンプルの検定

		対応サンプルの差				
				平均値の	差の 95% 信頼区間	
		平均値	標準偏差	標準誤差	下限	上限
ペア1	ダイエット前の体重 - ダイエット後の体重	3.5286	2.4581	.9291	1.2552	5.8020

①

				有意確率	
		t 値	自由度	片側 p 値	両側 p 値
ペア1	ダイエット前の体重 - ダイエット後の体重	3.798	6	.004	.009

②

【出力結果の読み取り方】

← ①　ダイエット前と後の体重の差を調べ，その差の区間推定をしたもの.

　　つまり，体重の差の 95％信頼区間は（1.255，5.802）になっている.

　　この信頼区間の中に $\boxed{0}$ が含まれていないので，

　　<u>ダイエット前と後で体重に差がある</u>ことがわかります.

ここの出力で
大切なポイントは
t 値とその有意確率です！

← ②　ここが，この検定の中心部分.

　　対応のある 2 つの母平均の差の検定は

　　　　"仮説 H_0：対応する 2 つの母平均は変化しない"

　　を検定している.

　　出力結果を見ると，検定統計量 t 値が 3.798 で，

　　その**有意確率（両側）**が 0.009 になっている.

　　したがって，

　　　有意確率 0.009 ≦ 有意水準 0.05

　　より，仮説 H_0 は棄てられる.

　　つまり，<u>ダイエット前と後で体重は変化している</u>ことがわかります.

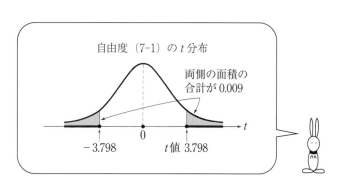

自由度（7-1）の t 分布

両側の面積の
合計が 0.009

-3.798　　0　　t 値 3.798

【SPSS による効果サイズの出力】

独立サンプルの検定

対応のあるサンプルの効果サイズ

			Standardizer[a]	ポイント推定
ペア1	ダイエット前の体重 - ダイエット後の体重	Cohen の d	2.4581	1.435
		Hedges の補正	2.8299	1.247

a. 効果サイズの推定に使用する分母。
　Cohen の d は、平均値の差のサンプル標準偏差を使用します。
　Hedges の補正は、平均値の差のサンプル標準偏差と補正係数を使用します。

			95% 信頼区間	
			下限	上限
ペア1	ダイエット前の体重 - ダイエット後の体重	Cohen の d	.325	2.495
		Hedges の補正	.283	2.167

効果サイズの定義式はいろいろあります
たとえば

$$効果サイズ = \sqrt{\frac{(t値)^2}{(t値)^2 + 自由度}}$$

$$効果サイズ = \sqrt{\frac{(3.798)^2}{(3.798)^2 + (7-1)}}$$

ベイズ統計による推定と検定は
「SPSS によるベイズ統計の手順」
第5章を参照してください

【出力結果の読み取り方】

$$\text{Cohen のd} = \frac{\bar{x}_1 - \bar{x}_2}{s}$$

$$= \frac{56.114 - 52.586}{2.458}$$

$$= 1.435$$

ただし，

$$s = \sqrt{s_1{}^2 + s_2{}^2 - 2 \times r \times s_1 \times s_1}$$

$$= \sqrt{4.1249^2 + 2.2675^2 - 2 \times 0.8614 \times 4.1249 \times 2.2675}$$

$$= 2.485$$

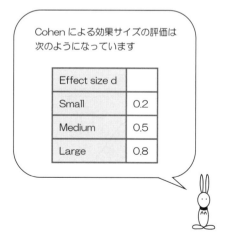

Cohen による効果サイズの評価は
次のようになっています

Effect size d	
Small	0.2
Medium	0.5
Large	0.8

【SPSS によるブートストラップの出力】

ブートストラップ

対応サンプルの統計量

			統計	バイアス	ブートストラップ[a] 標準誤差	95% 信頼区間 下限	95% 信頼区間 上限	
ペア1	ダイエット前の体重	平均値	56.114	-.019	1.388	53.430	58.871	← ①
		度数	7					
		標準偏差	4.1249	-.4155	.8003	2.1105	5.1418	
		平均値の標準誤差	1.5591					
	ダイエット後の体重	平均値	52.586	-.015	.762	51.114	54.114	← ②
		度数	7					
		標準偏差	2.2675	-.2900	.6387	.7228	3.0889	
		平均値の標準誤差	.8570					

a. 特に記述のない限り、ブートストラップの結果は 1000 ブートストラップ サンプル に基づきます。

対応サンプルの検定 のブートストラップ

		平均値	バイアス	ブートストラップ[a] 標準誤差	有意確率 (両側)	95% 信頼区間 下限	95% 信頼区間 上限
ペア1	ダイエット前の体重 - ダイエット後の体重	3.5286	-.0048	.8333	.017	1.8004	5.1143

a. 特に記述のない限り、ブートストラップの結果は 1000 ブートストラップ サンプル に基づきます。

③　　　④

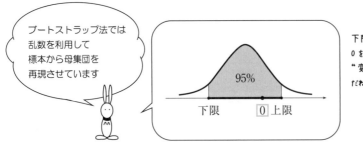

ブートストラップ法では乱数を利用して標本から母集団を再現させています

95%

下限　　0　上限

下限と上限の間に0を含むと…"変化していない"だね!

【出力結果の読み取り方】

← ①

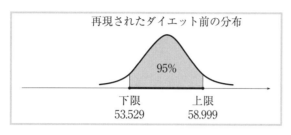

再現されたダイエット前の分布

95%

下限　　　　上限
53.529　　　58.999

ブートストラップ法による
出力結果は
操作をおこなうたびに
数値が少し異なります

← ②

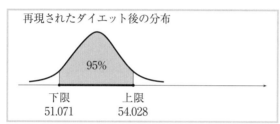

再現されたダイエット後の分布

95%

下限　　　　上限
51.071　　　54.028

← ③　有意確率 0.023 ≦有意水準 0.05　なので,

仮説 H_0：ダイエット前の体重＝ダイエット後の体重

は棄却されます. したがって,

　ダイエットによって体重が変化している

ことがわかります.

← ④

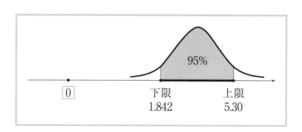

95%

0

下限　　　　上限
1.842　　　5.30

$\boxed{0} < 1.8429$

　つまり, ダイエット前の体重−ダイエット後の体重が $\boxed{0}$ になる

ことはないので, 変化しています.

ウィルコクスンの符号付順位検定

SPSS を使って，ウィルコクスンの符号付順位検定をしてみよう！

次のデータは，7 人の女性のリンゴダイエットによる体重の変化を調べたものです．

表 5.1　リンゴダイエットによる体重の変化

被験者	ダイエット前の体重	ダイエット後の体重
A	53.0 kg	51.2 kg
B	50.2 kg	48.7 kg
C	59.4 kg	53.5 kg
D	61.9 kg	56.1 kg
E	58.5 kg	52.4 kg
F	56.4 kg	52.9 kg
G	53.4 kg	53.3 kg
	↑ グループ A_1	↑ グループ A_2

データの型　パターン❹

このデータの分析は
『すぐわかる
　　統計処理の選び方』
パターン❹も
参考にしてください

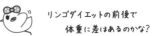

リンゴダイエットの前後で
体重に差はあるのかな？

分析したいことは？

● リンゴダイエットによって，体重は本当に減少するのだろうか？

【データ入力の型】

このデータは，第4章のデータとまったく同じです．

次のようにデータを入力しよう．

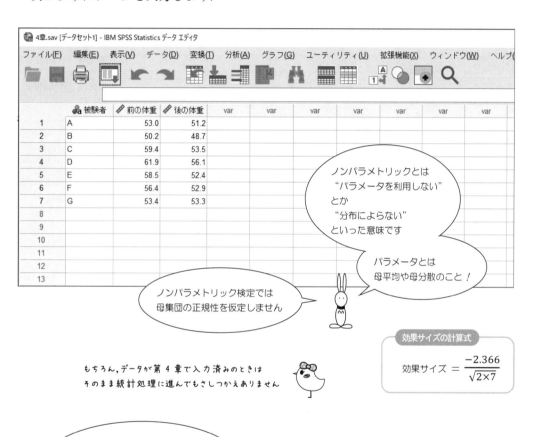

ノンパラメトリックとは
"パラメータを利用しない"
とか
"分布によらない"
といった意味です

パラメータとは
母平均や母分散のこと！

ノンパラメトリック検定では
母集団の正規性を仮定しません

もちろん，データが第4章で入力済みのときは
そのまま統計処理に進んでもさしつかえありません

効果サイズの計算式

$$効果サイズ = \frac{-2.366}{\sqrt{2 \times 7}}$$

対応のある2つの母平均の差の検定と
ウィルコクスンの符号付順位検定の
出力結果を比べてみよう！

【統計処理のための手順】 − ウィルコクスンの符号付順位検定 −

手順① 分析(A) の中から ノンパラメトリック検定(N) を選択しよう.

右側のサブメニューから, 対応サンプル(R) をマウスでカチッ!

手順 ② 次の 2個以上の対応サンプル の画面になったら.

○ 分析のカスタマイズ(C)

をチェックしよう.

そして, フィールド をクリック.

手順③ フィールド の画面になったら，

　　　　ダイエット前の体重　と　ダイエット後の体重

を

　　　　検定フィールド(T)

へ移動しよう．

そして， 設定 をクリック．

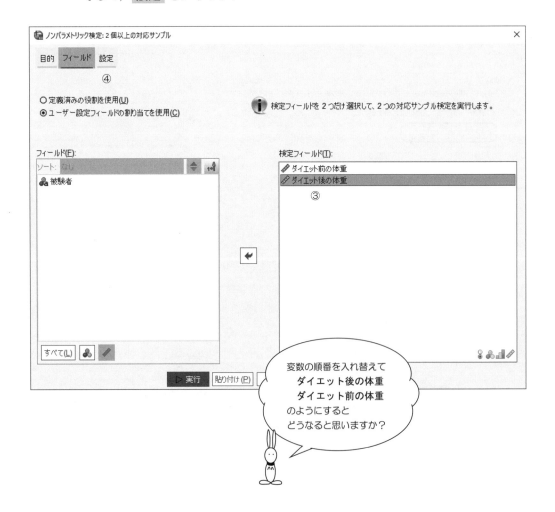

手順④ 設定 の画面になったら

  ○ 検定のカスタマイズ(C)

をクリックしたあと

  □ Wilcoxon 一致するペアの符号付き順位 (2 サンプル)(W)

をチェックしよう.

あとは, ▶実行 ボタンをマウスでカチッ！

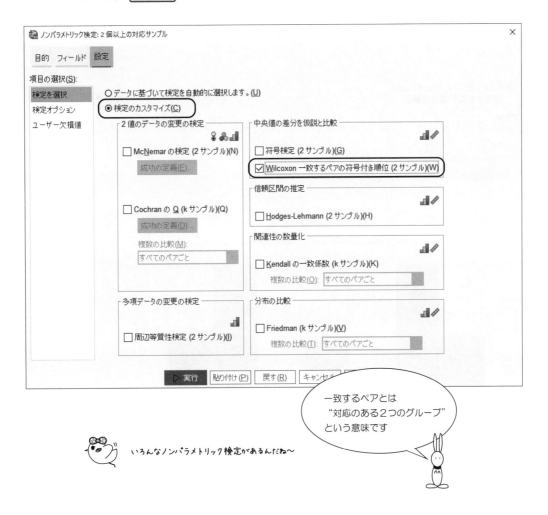

一致するペアとは
"対応のある2つのグループ"
という意味です

いろんなノンパラメトリック検定があるんだね～

【SPSS による出力】－ウィルコクスンの符号付順位検定－

ノンパラメトリック検定

仮説検定の要約

	帰無仮説	検定	有意確率[a,b]	決定
1	ダイエット前の体重 ～ ダイエット後の体重 の差の中央値は 0 です。	対応サンプルによる Wilcoxon の符号付き順位検定	.018	帰無仮説を棄却します。

a. 有意水準は .050 です。

b. 漸近的な有意確率が表示されます。

対応サンプルによる Wilcoxon の符号付き順位検定の要約

合計数	7
検定統計量	.000
標準誤差	5.916
標準化された検定統計量	-2.366 ←①
漸近有意確率 (両側検定)	.018 ←②

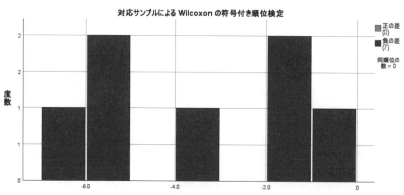

対応サンプルによる Wilcoxon の符号付き順位検定

ダイエット後の体重 - ダイエット前の体重

【出力結果の読み取り方】

←①, ②　Wilcoxon の符号付順位検定は

　　　　"仮説 H_0：対応する 2 つのグループは変化しない"

を検定している.

　出力結果を見ると，検定統計量が−2.366 で，

その漸近有意確率（両側）が 0.018 になっている.

　したがって，

　　　　　有意確率 0.018 ≦ 有意水準 0.05

より，仮説 H_0 は棄てられる.

　つまり，ダイエットの前と後で体重は変化したことがわかります !!

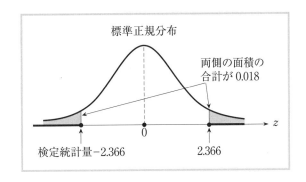

標準正規分布	
	両側の面積の 合計が 0.018
検定統計量−2.366	0　　2.366　　z

正確確率検定 Extra Tests（オプション）
をすると次のようになります

Z	-2.366
漸近有意確率（両側）	.018
正確な有意確率（両側）	.016
正確な有意確率（片側）	.008
点有意確率	.008

SPSS を使って，1 元配置の分散分析と多重比較をしてみよう！

次のデータは，3 種類の麻酔薬の持続時間を測定したものです．

表6.1　3種類の麻酔薬の持続時間

エチドカイン

No.	時間
1	43.6 分
2	56.8 分
3	27.3 分
4	35.0 分
5	48.4 分
6	42.4 分
7	25.3 分
8	51.7 分

↑
グループ A_1

プロピトカイン

No.	時間
1	27.4 分
2	38.9 分
3	59.4 分
4	43.2 分
5	15.9 分
6	22.2 分
7	52.4 分

↑
グループ A_2

リドカイン

No.	時間
1	18.3 分
2	21.7 分
3	29.5 分
4	15.6 分
5	9.7 分
6	16.0 分
7	7.5 分

↑
グループ A_3

データの型　パターン❸

このデータの分析は
『すぐわかる
　統計処理の選び方』
パターン③も
参考にしてください

3つのグループ間に
差があるのかな？

分析したいことは？

● 3種類の麻酔薬 A_1，A_2，A_3 の持続時間には，差があるのだろうか？

【データ入力の型】

　このデータの型パターン❸は，第2章のデータの型パターン❷の一般化になっている．

　したがって，データ入力の手順は第2章 p. 60 〜 p. 65 と同じです．

　次のようにデータを入力しよう．

	🍣 麻酔薬	📏 持続時間	var	var	var	var	var	var	var
1	1	43.6							
2	1	56.8							
3	1	27.3							
4	1	35.0							
5	1	48.4							
6	1	42.4							
7	1	25.3							
8	1	51.7							
9	2	27.4							
10	2	38.9							
11	2	59.4							
12	2	43.2							
13	2	15.9							
14	2	22.2							
15	2	52.4							
16	3	18.3							
17	3	21.7							
18	3	29.5							
19	3	15.6							
20	3	9.7							
21	3	16.0							
22	3	7.5							
23									
24									
25									
26									
27									
28									
29									
30									

エチドカイン（行1〜8）
プロピトカイン（行9〜15）
リドカイン（行16〜22）

🍣 …名義データ
📊 …順序データ
📏 …数値データ

↑対応のないデータは縦方向に入力！

分散分析表を使って検定統計量F値を計算します

分散分析
＝ analysis of variance
＝ ANOVA

多重比較については…

参考文献『入門はじめての分散分析と多重比較』

【統計処理のための手順】－１元配置の分散分析－

手順① 分析(A) の中から 平均値と比率の比較 を選び，

続いて，サブメニューの中から 一元配置分散分析(O) を選択すると……

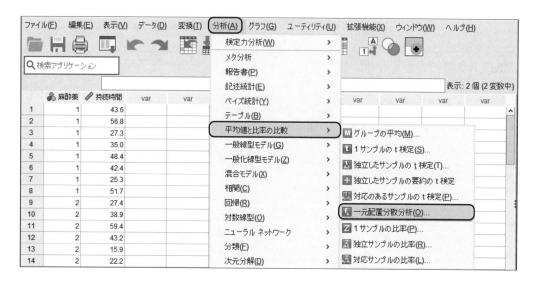

手順② 次の 1元配置分散分析 の画面が現れる．持続時間をマウスで選択して

従属変数リスト(E) の左側の ➡ をクリック．

測定値は
従属変数リストへ

手順 3 麻酔薬を選択して，因子(F) の左側の → をクリック.

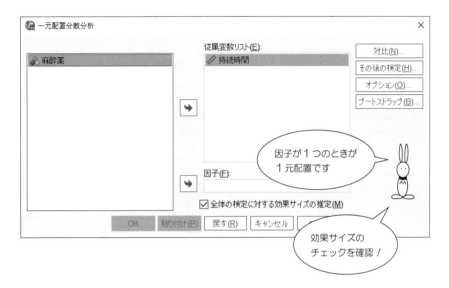

手順 4 すると，因子(F) のワクに麻酔薬が入ります.

次に，その後の検定(H) をカチッとしてみよう.

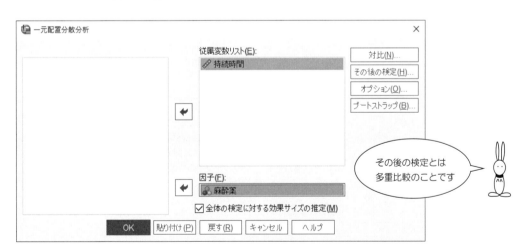

手順 5 その後の多重比較の画面になるので,
Bonferroni(B) を選択して, 続行 .

手順 6 手順4の画面で オプション(O) をクリックすると
記述統計量(D) と 等分散性の検定(H) があるので,
ここもチェックしておこう.

等分散性を仮定しないときは
Brown-Forsythe の方法や
Welch の方法を利用して
グループ間の差の検定
をします

続行 をクリックすると，次の画面にもどるので，

あとは，OK ボタンをマウスでカチッ！

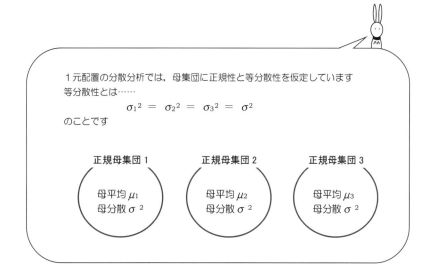

1元配置の分散分析では，母集団に正規性と等分散性を仮定しています

等分散性とは……

$$\sigma_1{}^2 \ = \ \sigma_2{}^2 \ = \ \sigma_3{}^2 \ = \ \sigma^2$$

のことです

正規母集団 1　　　　　正規母集団 2　　　　　正規母集団 3

母平均 μ_1　　　　　母平均 μ_2　　　　　母平均 μ_3
母分散 σ^2　　　　　母分散 σ^2　　　　　母分散 σ^2

3つのグループの母分散が同じです〜

【SPSS による出力・その1】 − 1元配置の分散分析 −

一元配置分析

記述統計

持続時間

	度数	平均値	標準偏差	標準誤差	平均値の 95% 信頼区間		最小値	最大値
					下限	上限		
1	8	41.313	11.3201	4.0023	31.849	50.776	25.3	56.8
2	7	37.057	16.0071	6.0501	22.253	51.861	15.9	59.4
3	7	16.900	7.3763	2.7880	10.078	23.722	7.5	29.5
合計	22	32.191	15.7796	3.3642	25.195	39.187	7.5	59.4

②

分散分析

持続時間

	平方和	自由度	平均平方	F 値	有意確率
グループ間	2468.072	2	1234.036	8.493	.002	← ①
グループ内	2760.826	19	145.307		
合計	5228.898	21			

ブートストラップ法による
分散分析の結果と
比べてみよう！

ベイズ統計による推定と検定は
「SPSS によるベイズ統計の手順」
第 9 章を参照してください

【出力結果の読み取り方・その 1】

←① 分散分析表を使って,

"仮説 H_0：3 つのグループの母平均は等しい"

を検定している.

検定統計量 F 値を見ると 8.493 で,

その**有意確率**が 0.002 になっている.

つまり,

有意確率 0.002 ≦有意水準 0.05

なので，仮説 H_0 は棄てられる.

したがって,

3 種類の平均麻酔持続時間に差がある

ことがわかります.

このデータの場合，仮説 H_0 は
"3 種類の
平均麻酔持続時間が等しい"
となります

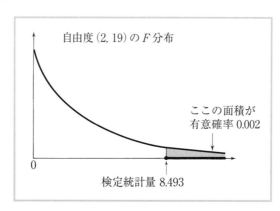

自由度 $(2, 19)$ の F 分布

ここの面積が
有意確率 0.002

0

検定統計量 8.493

←② 各グループの母平均の **95％信頼区間**を求めている.

たとえば，麻酔薬 1 の場合，平均麻酔持続時間は

信頼係数 95％で，31.849 分と 50.776 分の間にある

ことがわかります.

【SPSS による出力・その2】 − 1元配置の多重比較 −

等分散性の検定

		Levene 統計量	自由度1	自由度2	有意確率	
持続時間	平均値に基づく	2.774	2	19	.088	← ③
	中央値に基づく	2.215	2	19	.137	
	中央値と調整済み自由度に基づく	2.215	2	16.269	.141	
	トリム平均値に基づく	2.794	2	19	.086	

> Levene の統計量は
> 偏差の絶対値について
> 分散分析をしています

その後の検定

多重比較　← ④

従属変数：持続時間

Bonferroni

(I) 麻酔薬	(J) 麻酔薬	平均値の差 (I-J)	標準誤差	有意確率	95% 信頼区間 下限	95% 信頼区間 上限	
1	2	4.2554	6.2387	1.000	-12.122	20.633	← 1と2の比較
	3	24.4125*	6.2387	.003	8.035	40.790	← 1と3の比較
2	1	-4.2554	6.2387	1.000	-20.633	12.122	← 2と1の比較
	3	20.1571*	6.4433	.017	3.243	37.072	← 2と3の比較
3	1	-24.4125*	6.2387	.003	-40.790	-8.035	⋮
	2	-20.1571*	6.4433	.017	-37.072	-3.243	

*. 平均値の差は 0.05 水準で有意です。

正規性の検定の手順は
p.69 を見てください〜

【出力結果の読み取り方・その2】

←③　等分散性の検定は,

"仮説 H_0：等分散性を仮定する"

を検定している.

　　Levene 統計量を見ると 2.774 で, その有意確率が 0.088.

　　よって, 有意確率 0.088 ＞有意水準 0.05 なので, 仮説 H_0 は棄てられない.

　　したがって, 等分散性を仮定します.

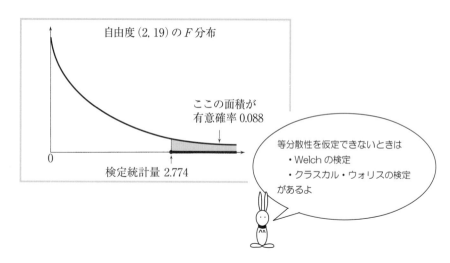

自由度 (2, 19) の F 分布

ここの面積が
有意確率 0.088

検定統計量 2.774

等分散性を仮定できないときは
・Welch の検定
・クラスカル・ウォリスの検定
があるよ

←④　Bonferroni の方法による多重比較.

　　すべての組合せの中で, 差のある組合せのところに＊印がついています.

　　したがって

　　　・麻酔薬 1 と麻酔薬 3 の間に差がある

　　　・麻酔薬 2 と麻酔薬 3 の間に差がある

ことがわかります.

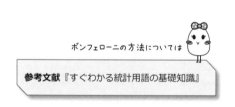

ボンフェローニの方法については

参考文献『すぐわかる統計用語の基礎知識』

【SPSS による効果サイズの出力】

分散分析効果サイズ[a,b]

		ポイント推定	95% 信頼区間 下限	上限	
持続時間	イータの 2 乗	.472	.093	.647	← ⑤
	イプシロンの 2 乗	.416	-.002	.609	← ⑥
	オメガの 2 乗の固定効果	.405	-.002	.598	← ⑦
	オメガの 2 乗のランダム効果	.254	-.001	.427	

a. イータの 2 乗とイプシロンの 2 乗が固定効果モデルに基づいて推定されました。

b. 負であるが偏りの少ない推定値は保持され、0 に丸められません。

1 元配置の分散分析表

変動	平方和	自由度	平均平方	F 値
グループ間	S_A	$a-1$	V_A	
グループ内	S_E	$N-a$	V_E	
合計	S_T			

1 元配置の分散分析の場合
イータの 2 乗 η^2
＝偏イータの 2 乗 η^2_p
となります

【出力結果の読み取り方】

← ⑤　イータの2乗

$$\eta^2 = \frac{S_A}{S_T} = \frac{S_A}{S_A + S_E} = \eta^2_p$$

$$= \frac{2468.072}{5228.898} = 0.472$$

← ⑥　イプシロンの2乗

$$\varepsilon^2 = \frac{S_A - (a-1) \times V_E}{S_T}$$

$$= \frac{2468.072 - (3-1) \times 145.307}{5228.898} = 0.416$$

← ⑦　オメガの2乗の固定効果

$$\omega^2 = \frac{S_A - (a-1) \times V_E}{S_T + V_E}$$

$$= \frac{2468.072 - (3-1) \times 145.307}{5228.898 + 145.307} = 0.405$$

手順⑤のところで，□ LSD(L) をクリックすると次のように出力されます
有意確率が出力④と異なっていることに注目してください
この LSD は，t 検定のくり返しなので，多重比較ではありません

	(I) 麻酔薬	(J) 麻酔薬	平均値の差 (I-J)	標準誤差	有意確率
最小有意差	1	2	4.2554	6.2387	.503
		3	24.4125*	6.2387	.001
	2	1	-4.2554	6.2398	.503
		3	20.1571*	6.4433	.006
	3	1	-24.4125*	6.2387	.001
		2	-20.1571*	6.4433	.006

*平均値の差は 0.05 水準で有意です

クラスカル・ウォリスの検定

SPSS を使って，クラスカル・ウォリスの検定をしてみよう！

次のデータは，3種類の麻酔薬の持続時間を測定したものです．

表7.1　3種類の麻酔薬の持続時間

エチドカイン

No.	時間
1	43.6 分
2	56.8 分
3	27.3 分
4	35.0 分
5	48.4 分
6	42.4 分
7	25.3 分
8	51.7 分

↑
グループ A_1

プロピトカイン

No.	時間
1	27.4 分
2	38.9 分
3	59.4 分
4	43.2 分
5	15.9 分
6	22.2 分
7	52.4 分

↑
グループ A_2

リドカイン

No.	時間
1	18.3 分
2	21.7 分
3	29.5 分
4	15.6 分
5	9.7 分
6	16.0 分
7	7.5 分

↑
グループ A_3

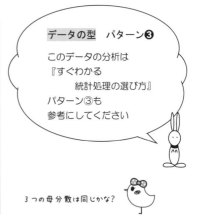

データの型　パターン❸

このデータの分析は
『すぐわかる
　　　統計処理の選び方』
パターン③も
参考にしてください

3つの母分散は同じかな？

分析したいことは？

● 3種類の麻酔薬に差があるのだろうか？

● 母集団の正規性や等分散性に疑問があれば，ノンパラメトリック検定を！

【データ入力の型】

このデータは，第6章のデータとまったく同じです！

次のようにデータを入力しよう．

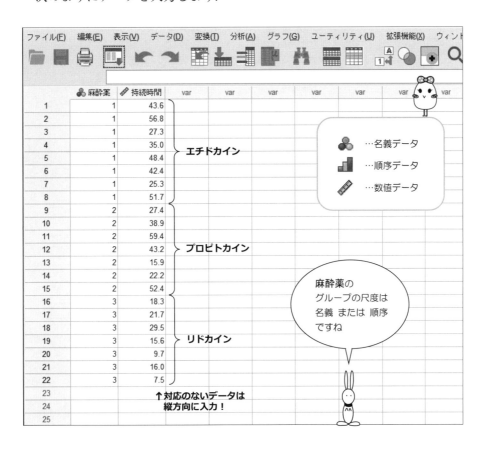

1元配置の分散分析と
クラスカル・ウォリスの検定の出力結果を比べてみよう

【統計処理のための手順】－クラスカル・ウォリスの検定－

手順 1 分析（A）から

　　　　　ノンパラメトリック検定（N）⇨ 独立サンプル（I）

を選択しよう.

手順② 次の 2個以上の独立したサンプル の画面になったら

○ 分析のカスタマイズ(C)

をチェックしよう.

そして, フィールド をクリック.

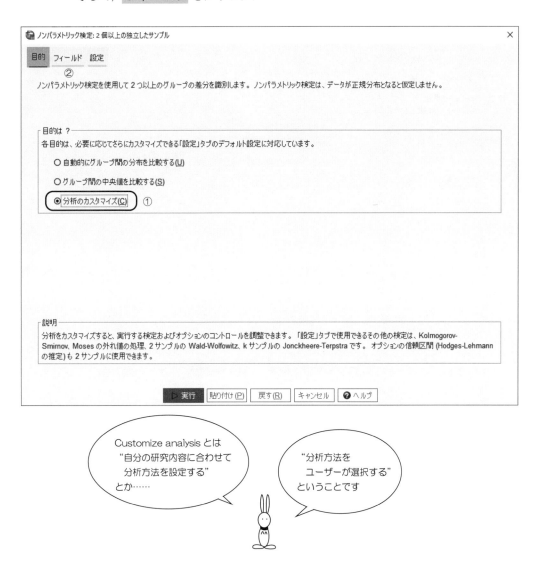

フィールド の画面になったら

　　　　　持続時間　を　　検定フィールド(T)

　　　　　麻酔薬　　を　　グループ(G)

　　に移動しよう.

　　そして，設定 をクリック.

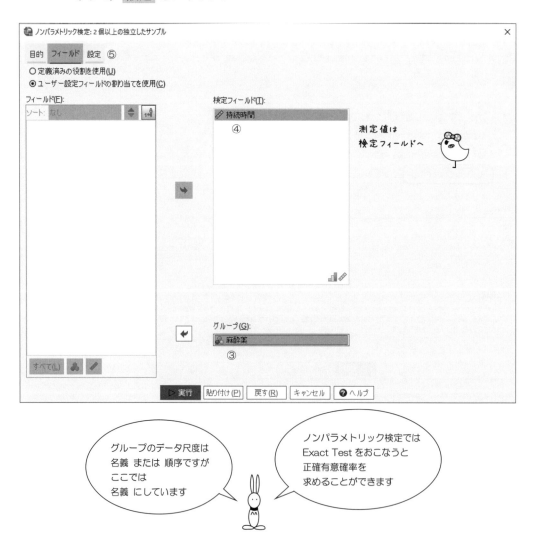

128　第7章　クラスカル・ウォリスの検定

手順④ 設定 の画面になったら

○ 検定のカスタマイズ(C)

をクリックしたあと

□ Kruskal-Wallis(k サンプル)(W)

をチェックしよう.

あとは, ▶実行 ボタンをマウスでカチッ!

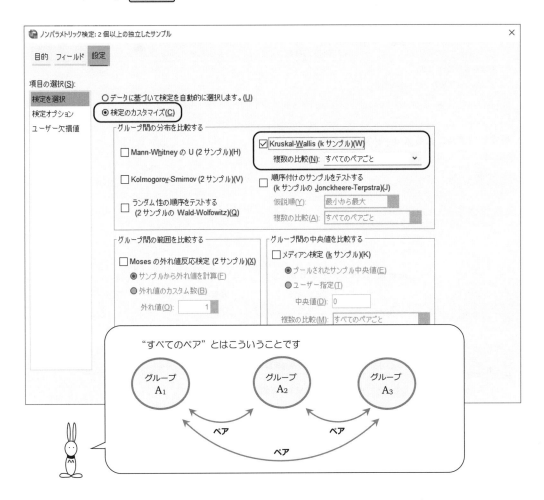

ノンパラメトリック検定

仮説検定の要約

	帰無仮説	検定	有意確率[a,b]	決定
1	持続時間 の分布は 麻酔薬 のカテゴリで同じです。	独立サンプルによる Kruskal-Wallis の検定	.006	帰無仮説を棄却します。

← ①

a. 有意水準は .050 です。

b. 漸近的な有意確率が表示されます。

独立サンプルによる Kruskal-Wallis の検定の要約

合計数	22
検定統計量	10.089[a]
自由度	2
漸近有意確率 (両側検定)	.006

← ②-1

← ②-2

a. 検定統計量は同順位の調整が行われています。

麻酔薬 のペアごとの比較

Sample 1-Sample 2	検定統計量	標準誤差	標準化検定統計量	有意確率	調整済み有意確率[a]
3-2	8.429	3.471	2.428	.015	.046
3-1	10.107	3.361	3.007	.003	.008
2-1	1.679	3.361	.499	.617	1.000

← ③

各行は、サンプル1とサンプル2の分布が同じであるという帰無仮説を検定します。
漸近的な有意確率 (両側検定) が表示されます。有意水準は .050 です。

a. Bonferroni 訂正により、複数のテストに対して、有意確率の値が調整されました。

【出力結果の読み取り方】

← ①　Kruskal-Wallis の検定は,

　　　　仮説 H_0：3つのグループの分布の位置は同じ

を検定している.

このデータの場合
"3種類の麻酔薬の
　持続時間は等しい"
となります

← ②-1, ②-2　2つの出力結果を見ると,

　検定統計量が **10.089** で, その**漸近有意確率**が **0.006** になっている.

　したがって,

　　　　有意確率 0.006 ≦ 有意水準 0.05

なので, 仮説 H_0 は棄てられる.

　つまり, 3種類の麻酔薬の持続時間は異なることがわかります.

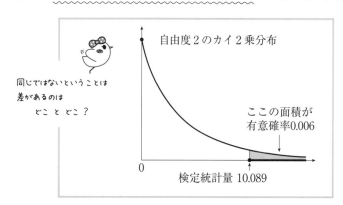

同じではないということは
差があるのは
　どこ と どこ ？

自由度2のカイ2乗分布

ここの面積が
有意確率0.006

0

検定統計量 10.089

← ③　ノンパラメトリックの多重比較.

　調整済み有意確率のところを見ると

　3つのグループの組合せの中で, 有意差があるのは

　　　　A_1 と A_3　　　　A_2 と A_3

の2つの組合せであることがわかります.

第 8 章

反復測定による 1 元配置の分散分析

SPSS を使って，反復測定による 1 元配置の分散分析をしてみよう！

次のデータは，薬物投与における心拍数を

投与前 ⇨ 1 分後 ⇨ 5 分後 ⇨ 10 分後

と，4 回続けて反復測定したものです．

データの型　パターン❺

このデータの分析は
『すぐわかる
　　統計処理の選び方』
パターン❺も
参考にしてください

表8.1　薬物投与による心拍数

被験者	投与前	1 分後	5 分後	10 分後
A	67	92	87	68
B	92	112	94	90
C	58	71	69	62
D	61	90	83	66
E	72	85	72	69

↑ グループ A_1　　↑ グループ A_2　　↑ グループ A_3　　↑ グループ A_4

たとえば
時間がたつにつれて心拍数が
減少してゆくとか…

分析したいことは？

● 心拍数は時間の経過に従いどのように変化してゆくのだろうか？

【データ入力の型】

このデータの型パターン❺は，第4章のデータの型の一般化なので，
データ入力の手順も p.88 〜 p.95 と同じようになります．

次のようにデータを入力しよう．

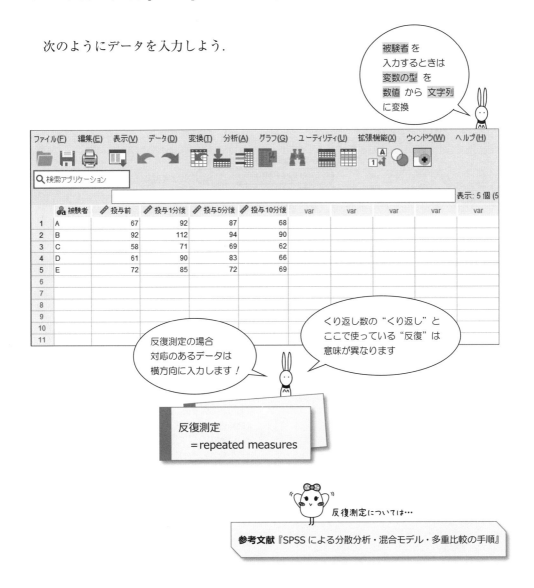

【統計処理のための手順】－反復測定による１元配置分散分析－

手順 1 分析(A) から

　　　　　一般線型モデル(G) ⇨ 反復測定(R)

を選択しよう！

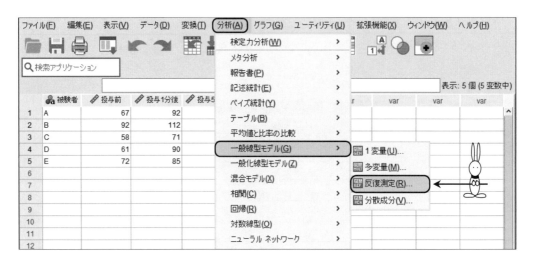

手順 2 すると，次の 反復測定の因子の定義 の画面が現れるので……

対応のある因子のことを
"被験者内因子"
といいます
対応のない因子のことを
"被験者間因子"
といいます

手順 3 被験者因子名(W) のワクの中に時間と入力，

続いて，水準数(L) の中へ 4 と入力．

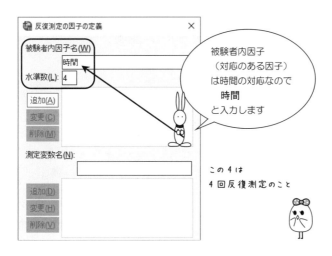

被験者内因子
（対応のある因子）
は時間の対応なので
時間
と入力します

この 4 は
4 回反復測定のこと

手順 4 次に，追加(A) をマウスでカチッとすると，

ワクの中が 時間(4) となるので，定義(F) をクリック．

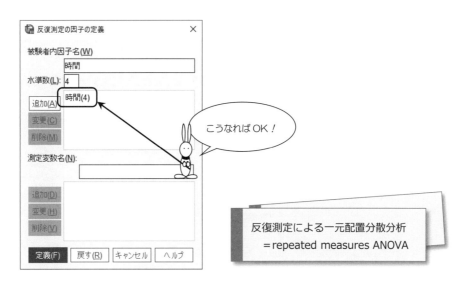

こうなればOK！

反復測定による一元配置分散分析
＝repeated measures ANOVA

手順 5 次の 反復測定 の画面になったら，

左ワクの4つの変数を 被験者内変数(W) の中へ移動します．

はじめに，投与前をマウスで選択してから，

被験者内変数(W) の左側の ➡ をクリックして移動．

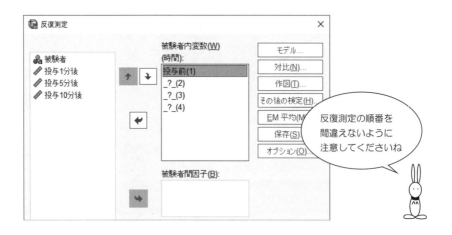

手順 6 続いて，投与1分後，投与5分後を

被験者内変数(W) の中へ移動します．

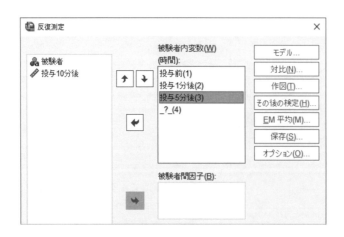

手順⑦ さらに，投与10分後を移動して，次の画面のようになったら
オプション(O) をクリック．

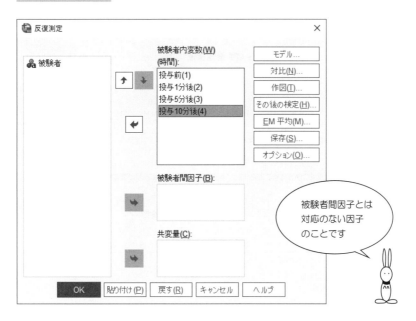

手順⑧ 効果サイズの推定値（E）と観測検定力（B）をチェックして， 続行 ．

手順7の画面にもどったら

あとは， OK ボタンをマウスでカチッ!!

□ 記述統計(D)
☑ 効果サイズの推定値(E)
☑ 観測検定力(B)
□ パラメータ推定値(T)
□ SSCP 行列(S)
□ 残差 SSCP 行列(C)

□ 等分散性の検定(H)
□ 水準と広がりの図(P)
□ 残差プロット(R)
□ 不適合度検定(L)
□ 一般の推定可能関数(G)

有意水準(V): .05　信頼区間は 95.0 %

続行　キャンセル　ヘルプ

効果サイズを
お忘れなく

ピヨピヨ

【SPSS による出力】－反復測定による 1 元配置の分散分析－

一般線型モデル

Mauchly の球面性検定[a]

測定変数名: MEASURE_1

					ε[b]		
被験者内効果	Mauchly の W	近似カイ 2 乗	自由度	有意確率	Greenhouse-Geisser	Huynh-Feldt	下限
時間	.101	6.246	5	.310	.555	.902	.333

正規直交した変換従属変数の誤差共分散行列が単位行列に比例するという帰無仮説を検定します。

a. 計画: 切片
　被験者計画内: 時間

b. 有意性の平均検定の自由度調整に使用できる可能性があります。修正した検定は、被験者内効果の検定テーブルに表示されます。

被験者内効果の検定

測定変数名: MEASURE_1

ソース		タイプ III 平方和	自由度	平均平方	F 値	有意確率	
時間	球面性の仮定	1330.000	3	443.333	17.500	<.001	← ①
	Greenhouse-Geisser	1330.000	1.664	799.215	17.500	.003	
	Huynh-Feldt	1330.000	2.706	491.515	17.500	<.001	
	下限	1330.000	1.000	1330.000	17.500	.014	
誤差 (時間)	球面性の仮定	304.000	12	25.333			
	Greenhouse-Geisser	304.000	6.657	45.669			
	Huynh-Feldt	304.000	10.824	28.087			
	下限	304.000	4.000	76.000			

a. アルファ = .05 を使用して計算された

ソース		偏イータ 2 乗	観測検定力[a]	
時間	球面性の仮定	.814	1.000	← ②
	Greenhouse-Geisser	.814	.981	
	Huynh-Feldt	.814	.999	
	下限	.814	.872	

効果サイズ

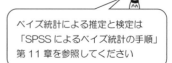

ベイズ統計による推定と検定は「SPSS によるベイズ統計の手順」第 11 章を参照してください

被験者間効果の検定

測定変数名: MEASURE_1
変換変数: 平均

ソース	タイプ III 平方和	自由度	平均平方	F 値	有意確率	偏イータ 2 乗	非心度パラメータ	観測検定力[a]
切片	121680.000	1	121680.000	220.635	<.001	.982	220.635	1.000
誤差	2206.000	4	551.500					

a. アルファ = .05 を使用して計算された

【出力結果の読み取り方】

←① ここが，反復測定による 1 元配置の分散分析表で

「仮説 H_0：対応する 4 つのグループ間に差がない」

を検定している.

出力結果を見ると，検定統計量 F 値が 17.500 で，
その**有意確率**が **<.001** になっている.

このデータの場合，仮説は
"投与前 1 分後　5 分後　10 分後
の心拍数は変化しない"
となります

したがって，

　　　　　　有意確率＜.001 ≦有意水準 0.05

なので，仮説 H_0 は棄却される.

よって，投与前，1 分後，5 分後，10 分後の心拍数に差がある
ことがわかります.

つまり，時間の経過と共に心拍数が変化しているということ *!!*

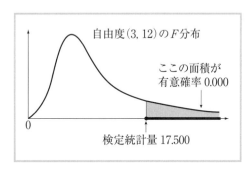

自由度 $(3, 12)$ の F 分布

ここの面積が
有意確率 0.000

0

検定統計量 17.500

←② 効果サイズと検出力です.

$$\eta^2_{\mathrm{p}} = \frac{1330.000}{1330.000 + 304.000}$$

$$= 0.814$$

【SPSS によるフリードマンの検定の手順】

手順 ① 分析(A) から

ノンパラメトリック検定(N) ⇨ 対応サンプル(R)

を選択します.

手順② 次の 2個以上の対応サンプル の画面になったら

○ 分析のカスタマイズ(C)

をチェックしよう.

そして， フィールド をクリック.

反復測定による
1元配置分散分析のときは
母集団に正規性を仮定
しています

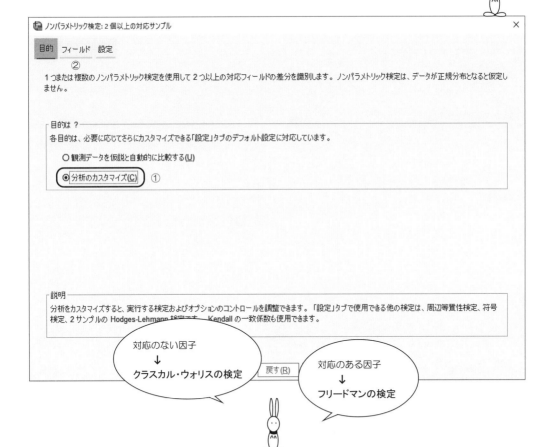

対応のない因子
↓
クラスカル・ウォリスの検定

対応のある因子
↓
フリードマンの検定

手順 ③ フィールド の画面になったら

　　　　　投与前

　　　　　投与 1 分後

　　　　　投与 5 分後

　　　　　投与 10 分後

　　を 検定フィールド(T) に移動しよう. そして, 設定 をクリック.

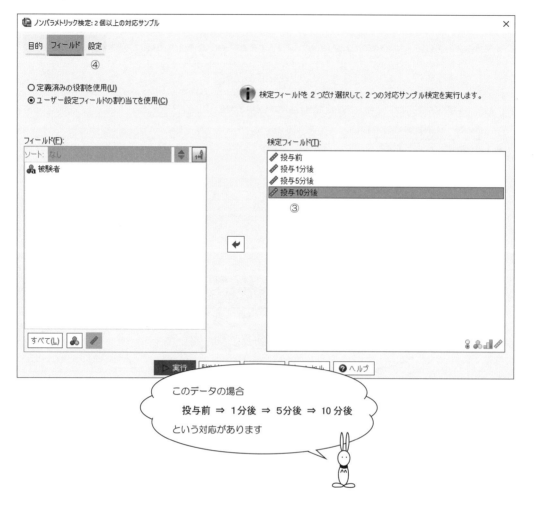

◯ 検定のカスタマイズ(C)

をクリックしたあと

☐ Friedman (k サンプル) (V)

をチェックしよう.

あとは, ▶実行 ボタンをマウスでカチッ!

> このデータは
> 対応のあるデータなので
> フリードマンの検定
> をします

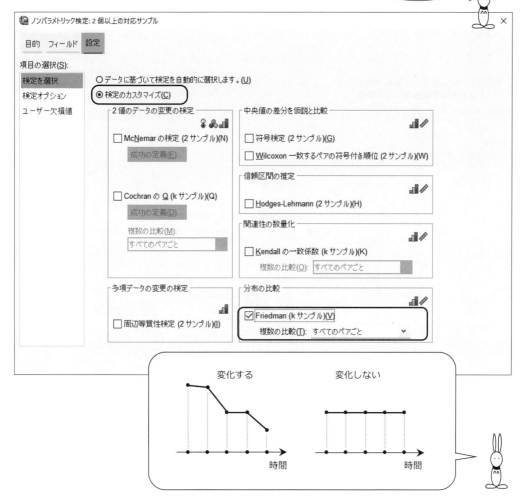

変化する　　　　　　　　変化しない

時間　　　　　　　　　　時間

【SPSS による出力】 －フリードマンの検定－

ノンパラメトリック検定

仮説検定の要約

	帰無仮説	検定	有意確率[a,b]	決定
1	投与前、投与1分後、投与5分後 および 投与10分後 の分布は同じ です。	対応サンプルによる Friedman の順位付けによる 変数の双方向分析	.005	帰無仮説を 棄却します。 ← ①

a. 有意水準は .050 です。

b. 漸近的な有意確率が表示されます。

対応サンプルによる Friedman の順位付け による 変数の双方向分析の要約

合計数	5	
検定統計量	12.918	← ②-1
自由度	3	
漸近有意確率 (両側検定)	.005	← ②-2

検定統計量を カイ２乗分布で 近似しています

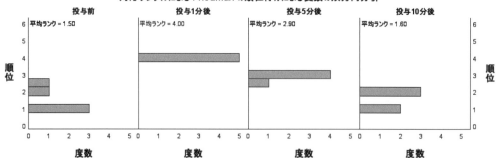

対応サンプルによる Friedman の順位付けによる変数の双方向分析

投与前 平均ランク = 1.50

投与1分後 平均ランク = 4.00

投与5分後 平均ランク = 2.90

投与10分後 平均ランク = 1.60

順位 / 度数

【出力結果の読み取り方】

←① フリードマンの検定は,

　　　　　仮説 H_0：対応する4つのグループ間に差はない

　を検定しています.

←②-1，②-2　2つの出力結果を見ると,

　　検定統計量が 12.918 で，その漸近有意確率が 0.005 になっている.

　　したがって,

　　　　　有意確率 0.005 ≦ 有意水準 0.05

　より，仮説 H_0 は棄てられる.

　　つまり,

　　　　　薬物投与により心拍数は変化している

　ことがわかります.

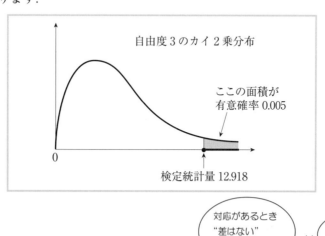

第9章 共分散分析

SPSS を使って，共分散分析をしてみよう！

次のデータは3種類の麻酔薬の，持続時間と体重を測定したものです．

表9.1　3種類の麻酔薬の持続時間と体重

エチドカイン

時間	体重
43.6 分	77 kg
56.8 分	85 kg
27.3 分	53 kg
35.0 分	64 kg
48.4 分	67 kg
42.4 分	72 kg
25.3 分	55 kg
51.7 分	81 kg

↑
グループ A₁

プロピトカイン

時間	体重
27.4 分	58 kg
38.9 分	69 kg
59.4 分	81 kg
43.2 分	76 kg
15.9 分	48 kg
22.2 分	51 kg
52.4 分	72 kg
56.7 分	64 kg

↑
グループ A₂

リドカイン

時間	体重
18.3 分	68 kg
21.7 分	75 kg
29.5 分	80 kg
15.6 分	63 kg
9.7 分	55 kg
16.0 分	65 kg
7.5 分	57 kg
24.6 分	78 kg

↑
グループ A₃

データの型　パターン❾

このデータの分析は
『すぐわかる
　　統計処理の選び方』
パターン❾も
参考にしてください

体重を考慮するって?!

分析したいことは？

● 体重を考慮したとき，3種類の麻酔の持続時間に差があるだろうか？

146

【データ入力の型】

このデータの型パターン❾は，第6章のパターン❻に似ていますが，異なる点は 体重 という変数が右側に1つ増えているということ！

次のようにデータを入力しよう．

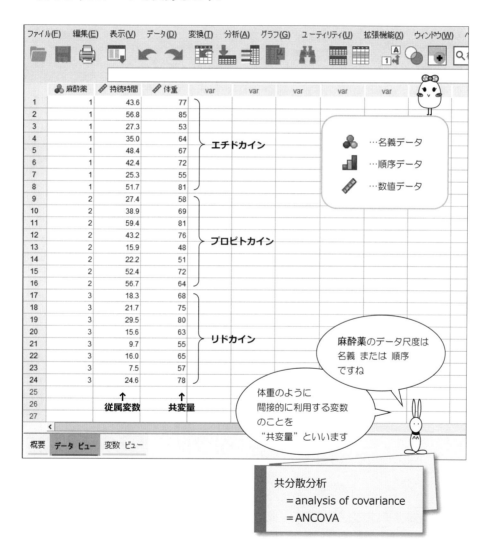

【統計処理のための手順】 − 共分散分析 −

手順① 分析(A) から 一般線型モデル(G) を選択して，
右のサブメニューから 1変量(U) をクリックしよう．

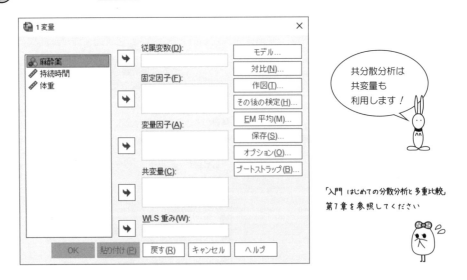

ファイル(F)	編集(E)	表示(V)	データ(D)	変換(T)	分析(A)	グラフ(G)	ユーティリティ(U)	拡張機能(X)	ウィンドウ(W)	ヘルプ(H)

				検定力分析(W)	▶			Q検索アプリケーション
				メタ分析	▶			
				報告書(P)	▶			表示: 3個 (3変数中)
	麻酔薬	持続時間	体重	var	記述統計(E)	▶	var	var	var	var
1	1	43.6	77		ベイズ統計(Y)	▶				
2	1	56.8	85		テーブル(B)	▶				
3	1	27.3	53		平均値と比率の比較	▶				
4	1	35.0	64		一般線型モデル(G)	▶	1変量(U)...			
5	1	48.4	67		一般化線型モデル(Z)	▶	多変量(M)...			
6	1	42.4	72		混合モデル(X)	▶	反復測定(R)...			
7	1	25.3	55		相関(C)	▶	分散成分(V)...			
8	1	51.7	81		回帰(R)	▶				
9	2	27.4	58		対数線型(O)	▶				
10	2	38.9	69		ニューラル ネットワーク	▶				
11	2	59.4	81							
12	2	43.2	76							
13	2	15.9	48							

手順② すると，次の 1変量 の画面が現れる．そこで，→ を使って……

1変量		×

麻酔薬
持続時間
体重

従属変数(D):

モデル...
対比(N)...
作図(T)...

固定因子(F):

その後の検定(H)...
EM 平均(M)...

変量因子(A):

保存(S)...
オプション(O)...

共変量(C):

ブートストラップ(B)...

WLS 重み(W):

OK　貼り付け(P)　戻す(R)　キャンセル　ヘルプ

共分散分析は
共変量も
利用します！

「入門 はじめての分散分析と多重比較
第7章を参照してください

手順 3 次のように持続時間を 従属変数(D) へ移動.

測定値は
従属変数へ

手順 4 次に，麻酔薬をクリックしてから 固定因子(F) の ← をカチッ.

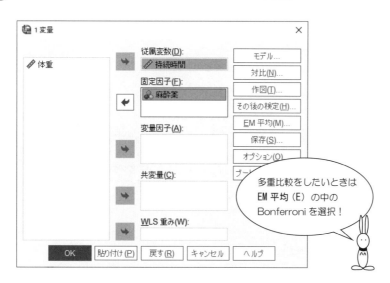

多重比較をしたいときは
EM 平均（E）の中の
Bonferroni を選択！

手順⑤ 体重をクリックしてから，共変量(C) の ← をカチッ.

続いて，オプション(O) もカチッ.

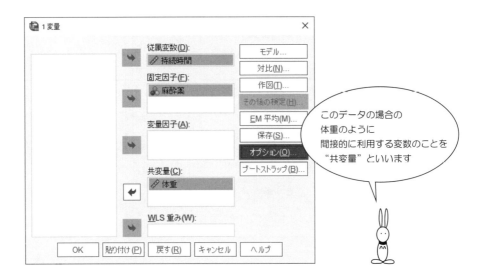

このデータの場合の
体重のように
間接的に利用する変数のことを
"共変量" といいます

手順⑥ 次の画面になったら

効果サイズの推定値(E)，観測検定力(B)，パラメータ推定値(T)

をクリックして……

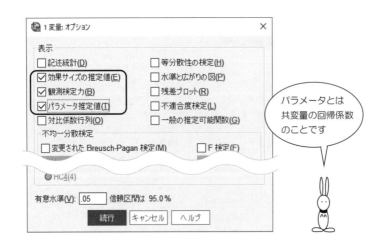

パラメータとは
共変量の回帰係数
のことです

手順 7 　続行 をクリックすると，次の画面にもどるので，
あとは，　OK ボタンをマウスでカチッ！

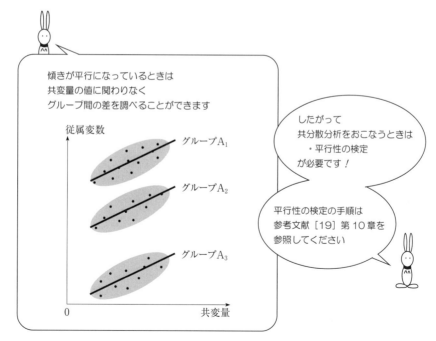

傾きが平行になっているときは
共変量の値に関わりなく
グループ間の差を調べることができます

従属変数

グループA_1

グループA_2

グループA_3

0　　　　　　　　　　　　　共変量

したがって
共分散分析をおこなうときは
・平行性の検定
が必要です！

平行性の検定の手順は
参考文献［19］第10章を
参照してください

【SPSS による出力】－共分散分析－

一変量の分散分析

被験者間効果の検定

従属変数: 持続時間

ソース	タイプ III 平方和	自由度	平均平方	F 値	有意確率	偏イータ 2 乗	観測検定力[b]	
修正モデル	5157.180[a]	3	1719.060	47.877	<.001	.878	1.000	
切片	592.941	1	592.941	16.514	<.001	.452	.971	← ①
体重	2432.206	1	2432.206	67.739	<.001	.772	1.000	← ①
麻酔薬	2865.548	2	1432.774	39.904	<.001	.800	1.000	← ②
誤差	718.110	20	35.905					
総和	31846.550	24						
修正総和	5875.290	23						

a. R2 乗 = .878 (調整済み R2 乗 = .859)

b. アルファ = .05 を使用して計算された

効果サイズ　　　検出力

パラメータ推定値

従属変数: 持続時間

パラメータ	B	標準誤差	t 値	有意確率	95% 信頼区間 下限	上限	
切片	-48.231	8.305	-5.807	<.001	-65.555	-30.906	
体重	.977	.119	8.230	<.001	.730	1.225	← ③
[麻酔薬=1]	21.862	3.002	7.282	<.001	15.599	28.124	
[麻酔薬=2]	24.338	3.014	8.075	<.001	18.051	30.624	
[麻酔薬=3]	0[a]						

a. このパラメータは、冗長なため 0 に設定されます。

$(t 値)^2 = F 値$
$7.325 = 53.662$
に注目です！

パラメータ推定値

従属変数: 持続時間

パラメータ	偏イータ 2 乗	観測検定力[b]
切片	.628	1.000
体重	.772	1.000
[麻酔薬=1]	.726	1.000
[麻酔薬=2]	.765	1.000
[麻酔薬=3]		

b. アルファ = .05 を使用して計算された

効果サイズ　　　検出力

$$\eta^2_p = \frac{2865.548}{2865.548 + 718.110}$$

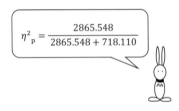

【出力結果の読み取り方】

← ① 体重のところは，回帰の有意性の検定，つまり

"仮説 H_0：共変量の回帰係数は $\boxed{0}$ である"

を検定している．

　　出力結果を見ると，検定統計量 F 値が 67.739 で，その**有意確率**が $\boxed{<.001}$．

　　よって，**有意確率** $\boxed{<.001}$ ≦有意水準 0.05 より，仮説 H_0 は棄てられる．

　　したがって，

　　　　共変量を採用することに意味がある

ことがわかります．

回帰係数が $\boxed{0}$ でないとき "回帰の有意性がある" といいます

← ② 麻酔薬のところが，いわゆる共分散分析で

"仮説 H_0：3 種類の局所麻酔薬に差はない"

を検定している．

　　出力結果を見ると，検定統計量 F 値が 39.904 で，その**有意確率**が $\boxed{<.001}$．

　　よって，**有意確率** $\boxed{<.001}$ ≦有意水準 0.05 より，仮説 H_0 は棄てられる．

　　したがって，

　　　　3 種類の局所麻酔薬の持続時間には差がある

ことがわかります．

← ③ ここの B の 0.977 は，共通の回帰係数の推定値を求めている．

　　この t 値 8.230 と有意確率 $\boxed{<.001}$ は

$(8.230)^2 = 67.739$

"仮説 H_0：共変量の回帰係数は $\boxed{0}$ である"

の検定をしているので，①と同じ検定をしていることになります．

第10章

2元配置の分散分析

SPSS を使って，2元配置の分散分析をしてみよう！

次のデータは，薬剤の時間と薬剤の量の 12 の組合せについて
薬剤の効果を，3回ずつくり返し測定しています．

表 10.1　薬剤の効果を調べる

薬剤の量		因　子　B		
		水準B₁	水準B₂	水準B₃
薬剤の時間		100 μg	600 μg	2400 μg
因子 A	水準A₁　3時間	13.2 / 15.7 / 11.9	16.1 / 15.7 / 15.1	9.1 / 10.3 / 8.2
	水準A₂　6時間	22.8 / 25.7 / 18.5	24.5 / 21.2 / 24.2	11.9 / 14.3 / 13.7
	水準A₃　12時間	21.8 / 26.3 / 32.1	26.9 / 31.3 / 28.3	15.1 / 13.6 / 16.2
	水準A₄　24時間	25.7 / 28.8 / 29.5	30.1 / 33.8 / 29.6	15.2 / 17.3 / 14.8

くり返しが3回

データの型　パターン⑮

このデータの分析は
『すぐわかる
　　統計処理の選び方』
パターン⑮も
参考にしてください

分析したいことは？

● A₁, A₂, A₃, A₄ の水準間に
差はあるのだろうか？

● B₁, B₂, B₃ の水準間に
差はあるのだろうか？

【データ入力の型】

　一見，複雑そうに見えるこのデータ入力も，実は
第6章の1元配置分散分析のときと同じ手順です．

　次のようにデータを入力しよう．

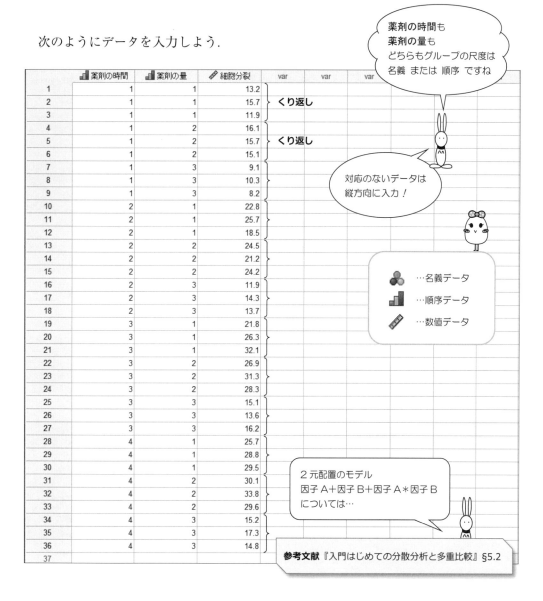

	薬剤の時間	薬剤の量	細胞分裂	var	var	var
1	1	1	13.2			
2	1	1	15.7	くり返し		
3	1	1	11.9			
4	1	2	16.1			
5	1	2	15.7	くり返し		
6	1	2	15.1			
7	1	3	9.1			
8	1	3	10.3			
9	1	3	8.2			
10	2	1	22.8			
11	2	1	25.7			
12	2	1	18.5			
13	2	2	24.5			
14	2	2	21.2			
15	2	2	24.2			
16	2	3	11.9			
17	2	3	14.3			
18	2	3	13.7			
19	3	1	21.8			
20	3	1	26.3			
21	3	1	32.1			
22	3	2	26.9			
23	3	2	31.3			
24	3	2	28.3			
25	3	3	15.1			
26	3	3	13.6			
27	3	3	16.2			
28	4	1	25.7			
29	4	1	28.8			
30	4	1	29.5			
31	4	2	30.1			
32	4	2	33.8			
33	4	2	29.6			
34	4	3	15.2			
35	4	3	17.3			
36	4	3	14.8			
37						

薬剤の時間 も
薬剤の量 も
どちらもグループの尺度は
名義 または 順序 ですね

対応のないデータは
縦方向に入力！

🔵…名義データ

📊…順序データ

📏…数値データ

2元配置のモデル
因子A＋因子B＋因子A＊因子B
については…

参考文献 『入門はじめての分散分析と多重比較』§5.2

【統計処理のための手順】－2元配置の分散分析－

手順 ① 分析(A) から 一般線型モデル(G) を選択.

続いて，サブメニューから 1変量(U) をクリックすると……

ファイル(F)	編集(E)	表示(V)	データ(D)	変換(T)	分析(A)	グラフ(G)	ユーティリティ(U)	拡張機能(X)	ウィンドウ(W)	ヘルプ(H)

検定力分析(W) ＞
メタ分析 ＞

報告書(P) ＞ 表示:3個 (3変数中)
記述統計(E) ＞
ベイズ統計(Y) ＞
テーブル(B) ＞
平均値と比率の比較 ＞
一般線型モデル(G) ＞ 1変量(U)...
一般化線型モデル(Z) ＞ 多変量(M)...
混合モデル(X) ＞ 反復測定(R)...
相関(C) ＞ 分散成分(V)...
回帰(R) ＞
対数線型(O) ＞
ニューラル ネットワーク ＞

	薬剤の時間	薬剤の量	細胞分裂	var	var	var	var
1	1	1	13.2				
2	1	1	15.7				
3	1	1	11.9				
4	1	2	16.1				
5	1	2	15.7				
6	1	2	15.1				
7	1	3	9.1				
8	1	3	10.3				
9	1	3	8.2				
10	2	1	22.8				
11	2	1	25.7				
12	2	1	18.5				

手順 ② 画面は，次のようになるので，

ここで，細胞分裂をマウスでカチッと選択して……

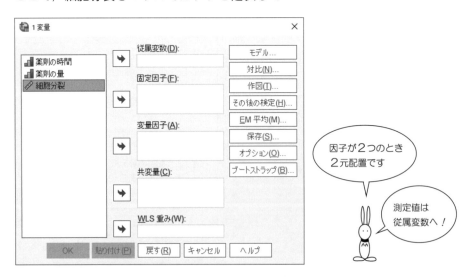

因子が2つのとき
2元配置です

測定値は
従属変数へ！

手順③ 従属変数(D) の左側の ← をクリックすると，次のように

細胞分裂が 従属変数(D) のワクへ移動します．

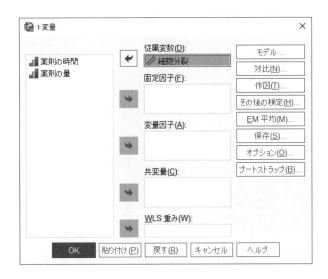

効果サイズや
検出力は
｜ オプション(O) ｜
をクリック
→p.158

手順④ 次に，薬剤の時間をカチッとしてから， 固定因子(F) の

左側の ← をクリック．

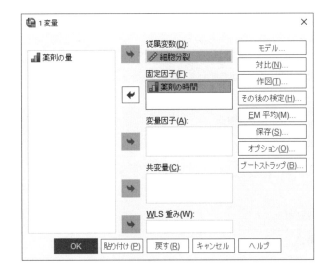

多重比較は
｜ その後の検定(H) ｜
｜ EM 平均(M) ｜
をクリック
→p.159

手順 5 続いて，薬剤の量をカチッとしてから，
$\boxed{\text{固定因子（F）}}$ の左側の $\boxed{\leftarrow}$ をクリック．

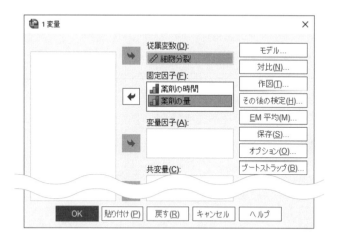

手順 6 効果サイズや検出力を求めたいときは
手順⑤の $\boxed{\text{オプション（O）}}$ をクリック．
次のようにチェックをしたら，$\boxed{\text{続行}}$．
手順 5 の画面にもどってきたら
あとは，$\boxed{\text{OK}}$ ボタンをマウスでカチッ！

多重比較をしたいときは…

その後の検定(H) で多重比較ができます.

```
1変量: 観測平均値のその後の多重比較                                    ×

因子(F):                              その後の検定(P):
薬剤の時間                            薬剤の時間
薬剤の量                    [←]       薬剤の量

等分散を仮定する
  □ 最小有意差(L)      □ Student-Newman-Keuls(S)  □ Waller-Duncan(W)
  ☑ Bonferroni(B)      □ Tukey(T)           タイプ I /タイプ II 誤り比(/)  [100]
  □ Sidak(I)           □ Tukey の b(K)       □ Dunnett(E)
  □ Scheffe(C)         □ Duncan(D)          対照カテゴリ(Y):        [最後]
  □ R-E-G-W-F(R)       □ Hochberg の GT2(H)   検定
  □ R-E-G-W-Q(Q)       □ Gabriel(G)           ◉ 両側(2)  ○ < 対照カテゴリ(O)  ○ > 対照カテゴリ(N)

等分散を仮定しない
  ■ Tamhane の T2(M)  ■ Dunnett の T3(3)  ■ Games-Howell(A)  ■ Dunnett の C(U)

        [続行]  [キャンセル]  [ヘルプ]
```

EM 平均(M) でも多重比較ができます.

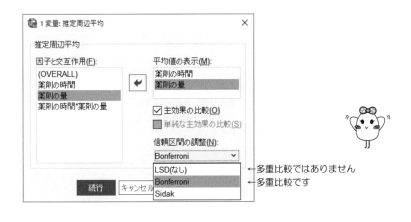

← 多重比較ではありません
← 多重比較です

【SPSS による出力】－ 2 元配置の分散分析－

一変量の分散分析

2 つの因子は
薬剤の時間　と
薬剤の量　です

被験者間効果の検定

従属変数: 細胞分裂

ソース	タイプ III 平方和	自由度	平均平方	F 値	有意確率	
修正モデル	1777.616[a]	11	161.601	28.651	.000	
切片	14742.007	1	14742.007	2613.702	.000	
薬剤の時間	798.207	3	266.069	47.173	.000	← ②
薬剤の量	889.521	2	444.760	78.854	.000	← ③
薬剤の時間 * 薬剤の量	89.888	6	14.981	2.656	.040	← ①
誤差	135.367	24	5.640			
総和	16654.990	36				
修正総和	1912.983	35				

a. R2 乗 = .929 (調整済み R2 乗 = .897)

b. アルファ = .05 を使用して計算された

ソース	偏イータ 2 乗	観測検定力[b]
修正モデル	.929	1.000
切片	.991	1.000
薬剤の時間	.855	1.000
薬剤の量	.868	1.000
薬剤の時間 * 薬剤の量	.399	.754

↑　　　　↑
効果サイズ　検出力

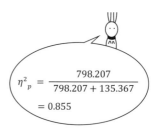

$$\eta^2{}_p = \frac{798.207}{798.207 + 135.367}$$

$$= 0.855$$

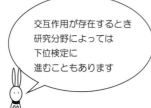

交互作用が存在するとき
研究分野によっては
下位検定に
進むこともあります

交互作用が存在するときの
下位検定は、参考文献 [19] §6.3 を
参照してください

【出力結果の読み取り方】

←① 2元配置の分散分析では，交互作用の検定が大切！

薬剤の時間＊薬剤の量のところが，交互作用の検定で

"仮説 H_0：2つの因子の間に交互作用は存在しない"

を検定している.

出力結果を見ると，検定統計量 F 値が 2.656 で，その有意確率が 0.040.

したがって，有意確率 0.040 ≦有意水準 0.05 より，仮説 H_0 は棄てられるので，

薬剤の時間と薬剤の量の間に交互作用が存在することがわかる.

交互作用が存在するので，2元配置の分散分析としては，ここで終了 *!!*

←② 薬剤の時間のところは

"仮説 H_0：薬剤の時間の4つの水準間に差はない"

を検定している.

出力結果を見ると，検定統計量 F 値が 47.173 で，その有意確率が 0.000.

したがって，有意確率 0.000 ≦有意水準 0.05 より，仮説 H_0 は棄てられるので，

4種類の薬剤の時間の水準間に差があることがわかる.

ただし，交互作用が存在しているので，この"差"には意味がありません.

←③ 薬剤の量のところは

"仮説 H_0：薬剤の量の3つの水準間に差はない"

を検定している.

出力結果を見ると，検定統計量 F 値は 78.854 で，その有意確率は 0.000.

したがって，有意確率 0.000 ≦有意水準 0.05 より，仮説 H_0 は棄てられるので，

3種類の薬剤の量の水準間に差があることがわかる.

ただし，交互作用が存在しているので，この"差"には意味がありません.

【SPSS による出力】－ 2 元配置の多重比較－

多重比較

従属変数: 細胞分裂

Bonferroni

(I) 薬剤の時間	(J) 薬剤の時間	平均値の差 (I-J)	標準誤差	有意確率
1	2	-6.833*	1.1196	.000
	3	-10.700*	1.1196	.000
	4	-12.167*	1.1196	.000
2	1	6.833*	1.1196	.000
	3	-3.867*	1.1196	.012
	4	-5.333*	1.1196	.000
3	1	10.700*	1.1196	.000
	2	3.867*	1.1196	.012
	4	-1.467	1.1196	1.000
4	1	12.167*	1.1196	.000
	2	5.333*	1.1196	.000
	3	1.467	1.1196	1.000

観測平均値に基づいています。

誤差項は平均平方 (誤差) = 5.640 です。

*. 平均値の差は .05 水準で有意です。

＊印のある組合せに
有意差があります

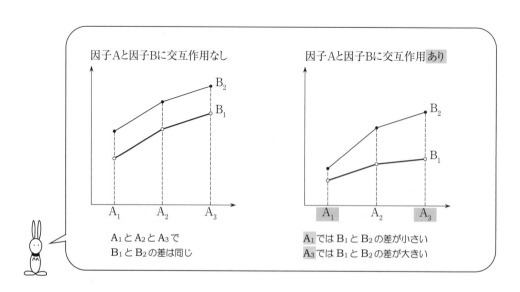

因子 A と因子 B に交互作用なし

A_1 と A_2 と A_3 で
B_1 と B_2 の差は同じ

因子 A と因子 B に交互作用 あり

A_1 では B_1 と B_2 の差が小さい
A_3 では B_1 と B_2 の差が大きい

1. 対応のない因子Aと対応のない因子B

	グループ A_1	
B_1	No.1	
	No.2	
	No.3	
B_2	No.4	
	No.5	
	No.6	
B_3	No.7	
	No.8	
	No.9	

	グループ A_2	
B_1	No.10	
	No.11	
	No.12	
B_1	No.13	
	No.14	
	No.15	
B_1	No.16	
	No.17	
	No.18	

> 対応がある因子の場合
> 交互作用が存在すると
> 変化のパターンに
> 差があります！

2. 対応のない因子Aと対応のある因子B

	グループ A_1		
	B_1	B_2	B_3
No.1			
No.2			
No.3			

	グループ A_2		
	B_1	B_2	B_3
No.4			
No.5			
No.6			

3. 対応のある因子Aと対応のある因子B

	グループ A_1			グループ A_2		
	B_1	B_2	B_3	B_1	B_2	B_3
No.1						
No.2						
No.3						

参考文献[19]第6章,第7章を参照してください～

第11章 くり返しのない2元配置の分散分析

SPSS を使って，くり返しのない2元配置の分散分析をしてみよう！

次のデータは，細胞分裂用薬剤の効果について調べたものです．

表11.1　薬剤の量と時間における細胞分裂

薬剤の量 薬剤の時間	100 μg	600 μg	2400 μg
3 時間	13.6	15.6	9.2
6 時間	22.3	23.3	13.3
12 時間	26.7	28.8	15.0
24 時間	28.0	31.2	15.8

> **データの型　パターン⓮**
>
> このデータの分析は
> 『すぐわかる
> 　　　統計処理の選び方』
> パターン⓮も
> 参考にしてください

たとえば
時間に関して，差があるのかどうか　とか…
量に関して，差があるのかどうか　とか…

分析したいことは？

● 薬剤の時間によって，細胞分裂に差があるかどうか？

● 薬剤の量によって，細胞分裂に差があるかどうか？

【データ入力の型】

データ入力の手順は，第6章の1元配置の分散分析のときと同じです．

次のようにデータを入力しよう．

↑対応のないデータは縦方向に入力！

薬剤の時間も
薬剤の量も
グループの尺度は
どちらも
名義 または 順序

🔴🔵🟢 …名義データ

📊 …順序データ

📏 …数値データ

くり返しのない2元配置のデータの型

		固定因子 B		
		B₁	B₂	B₃
固定因子 A	A₁			
	A₂			
	A₃			
	A₄			

各セルの中に，データは1個だけです
このとき "くり返しがない" といいます

【統計処理のための手順】－くり返しのない2元配置の分散分析－

手順 ① 分析(A) から 一般線型モデル(G) を選択.

続いて，サブメニューの中から，1変量(U) を選択しよう.

ファイル(E)	編集(E)	表示(V)	データ(D)	変換(T)	分析(A)	グラフ(G)	ユーティリティ(U)	拡張機能(X)	ウィンドウ(W)	ヘルプ(H)

	検定力分析(W)	▶
	メタ分析	▶
	報告書(P)	▶
	記述統計(E)	▶
	ベイズ統計(Y)	▶
	テーブル(B)	▶
	平均値と比率の比較	▶
	一般線型モデル(G)	▶
	一般化線型モデル(Z)	▶
	混合モデル(X)	▶
	相関(C)	▶
	回帰(R)	▶
	対数線型(O)	▶
	ニューラル ネットワーク	▶

一般線型モデル(G) のサブメニュー:
- 1変量(U)...
- 多変量(M)...
- 反復測定(R)...
- 分散成分(V)...

	薬剤の時間	薬剤の量	細胞分裂	var	var	var	var
1	1	1	13.6				
2	1	2	15.6				
3	1	3	9.2				
4	2	1	22.3				
5	2	2	23.3				
6	2	3	13.3				
7	3	1	26.7				
8	3	2	28.8				
9	3	3	15.0				
10	4	1	28.0				
11	4	2	31.2				
12	4	3	15.8				
13							

手順 ② すると，次の 1変量 の画面が現れるので…

手順 ③ 細胞分裂をカチッと選択してから，従属変数（D） の

左側の ↵ をクリック.

測定値は
従属変数へ！

手順 ④ 次に，薬剤の時間をカチッと選択してから，

固定因子（F） の左側の ↵ をクリック.

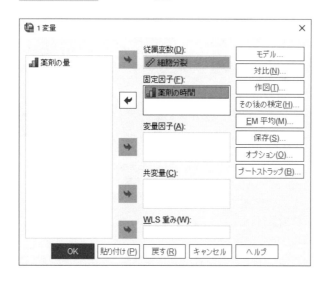

手順 5 同じようにして，薬剤の量も， 固定因子(F) の中へ移動しよう．

そして，画面右上の モデル をクリック．

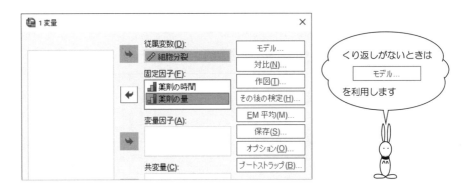

くり返しがないときは
モデル...
を利用します

手順 6 次の画面になるので， 項の構築(B) をクリックします．

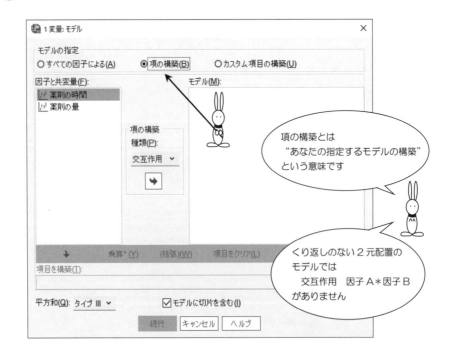

項の構築とは
"あなたの指定するモデルの構築"
という意味です

くり返しのない 2 元配置の
モデルでは
交互作用　因子 A＊因子 B
がありません

手順⑦ 薬剤の時間をカチッとして ↵ をクリック．さらに，

薬剤の量をカチッとして，↵ をクリックしたら，｜続行｜．

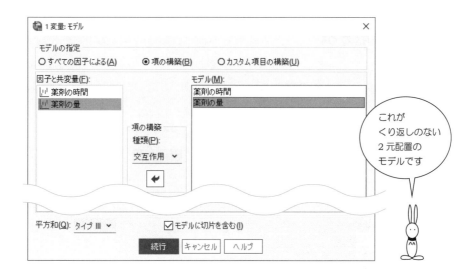

これが
くり返しのない
2元配置の
モデルです

手順⑧ 次の画面にもどったら，｜OK｜ボタンをマウスでカチッ!!

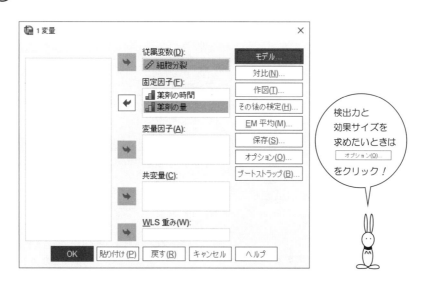

検出力と
効果サイズを
求めたいときは
｜オプション(O)…｜
をクリック！

【統計処理のための手順】−くり返しのない2元配置の分散分析− 169

【SPSS による出力】－くり返しのない 2 元配置の分散分析－

一変量の分散分析

被験者間効果の検定

従属変数: 細胞分裂

ソース	タイプ III 平方和	自由度	平均平方	F 値	有意確率	
修正モデル	561.982[a]	5	112.396	22.626	.001	
切片	4912.653	1	4912.653	988.959	.000	
薬剤の時間	267.020	3	89.007	17.918	.002	← ①
薬剤の量	294.962	2	147.481	29.689	.001	← ②
誤差	29.805	6	4.968			
総和	5504.440	12				
修正総和	591.787	11				

a. R2 乗 = .950 (調整済み R2 乗 = .908)

ソース	偏イータ 2 乗	観測検定力[b]
修正モデル	.950	1.000
切片	.994	1.000
薬剤の時間	.900	.994
薬剤の量	.908	1.000

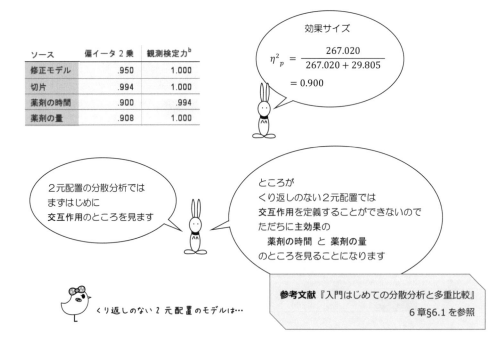

効果サイズ

$$\eta^2_p = \frac{267.020}{267.020 + 29.805}$$

$$= 0.900$$

2 元配置の分散分析では
まずはじめに
交互作用のところを見ます

ところが
くり返しのない 2 元配置では
交互作用を定義することができないので
ただちに主効果の
　薬剤の時間 と **薬剤の量**
のところを見ることになります

くり返しのない 2 元配置のモデルは…

参考文献『入門はじめての分散分析と多重比較』
6 章§6.1 を参照

【出力結果の読み取り方】

←① 薬剤の時間のところでは,

　　　　　　　"仮説 H_0：薬剤の 4 種類の時間の水準間に差はない"

　を検定しています.

　　出力結果を見ると，検定統計量 F 値が 17.918 で，その有意確率が 0.002.

　　よって，有意確率 0.002 ≦ 有意水準 0.05 より，仮説 H_0 は棄てられる.

　　したがって，4 種類の薬剤の時間の間に差があることがわかります.

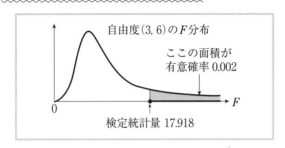

←② 薬剤の量のところでは,

　　　　　　　"仮説 H_0：薬剤の 3 種類の量の水準間に差はない"

　を検定しています.

　　出力結果を見ると，検定統計量 F 値が 29.689 で，その有意確率が 0.001.

　　よって，有意確率 0.001 ≦ 有意水準 0.05 なので，仮説 H_0 は棄てられる.

　　したがって，3 種類の薬剤の量の間に差があることがわかります.

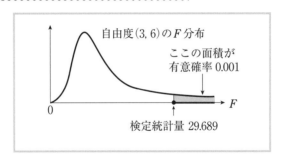

第12章 単回帰分析

SPSS を使って，単回帰分析をしてみよう！

次のデータは，10 社について宣伝広告費と売上高を調査した結果です．

表 12.1　企業の戦略

会社名	宣伝広告費	売上高
A	107	286
B	336	851
C	233	589
D	82	389
E	61	158
F	378	1037
G	129	463
H	313	563
I	142	372
J	428	1020

データの型　パターン❻

このデータの分析は
『すぐわかる
　　　統計処理の選び方』
パターン❻も
参考にしてください

たとえば
宣伝広告費を多くすると
売上高がどのくらい伸びるとか…

分析したいことは？

● 宣伝広告費と売上高の関係 はどうなっているのだろうか？

【データ入力の型】

この データの型 は，第 4 章の p. 87 のデータとよく似ています.

したがって，……

データ入力の手順は，第 4 章のデータ入力とまったく同じです.

次のようにデータを入力します.

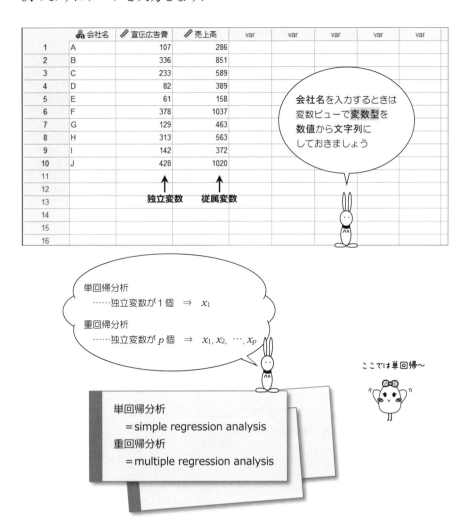

	🐾会社名	📏宣伝広告費	📏売上高	var	var	var	var	var
1	A	107	286					
2	B	336	851					
3	C	233	589					
4	D	82	389					
5	E	61	158					
6	F	378	1037					
7	G	129	463					
8	H	313	563					
9	I	142	372					
10	J	428	1020					
11								
12		↑	↑					
13		独立変数	従属変数					
14								
15								
16								

会社名を入力するときは
変数ビューで変数型を
数値から文字列に
しておきましょう

単回帰分析
　……独立変数が 1 個　⇒　x_1

重回帰分析
　……独立変数が p 個　⇒　$x_1, x_2, \cdots, x_p$

単回帰分析
　=simple regression analysis
重回帰分析
　=multiple regression analysis

ここでは単回帰〜

【統計処理のための手順】− 単回帰分析 −

手順① 分析(A) の中の 回帰(R) を選択したら

続いて，右側のサブメニューの中の 線型(L) をカチッ.

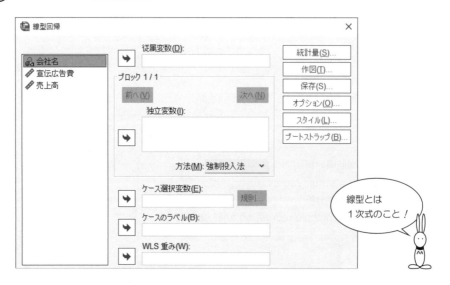

ファイル(F) 編集(E) 表示(V) データ(D) 変換(T) 分析(A) グラフ(G) ユーティリティ(U) 拡張機能(X) ウィンドウ(W) ヘルプ(H)

	会社名	宣伝広告費	売上高	var			var	var	var	var
1	A	107	286							
2	B	336	851							
3	C	233	589							
4	D	82	389							
5	E	61	158							
6	F	378	1037							
7	G	129	463							
8	H	313	563							
9	I	142	372							
10	J	428	1020							

検定力分析(W)
メタ分析
報告書(P)
記述統計(E)
ベイズ統計(Y)
テーブル(B)
平均値と比率の比較
一般線型モデル(G)
一般化線型モデル(Z)
混合モデル(X)
相関(C)
回帰(R)
対数線型(O)
ニューラル ネットワーク
分類(F)

自動線型モデリング…(A)
線形 OLS 代替
線型(L)…
曲線推定(C)…

手順② すると，次の 線型回帰 の画面が現れるので…

線型とは
１次式のこと！

174　第12章　単回帰分析

手順③ 売上高をマウスで選択してから，従属変数(D) の左側の ⏎ を

クリックすれば，次のように売上高が 従属変数(D) の中へ移動する．

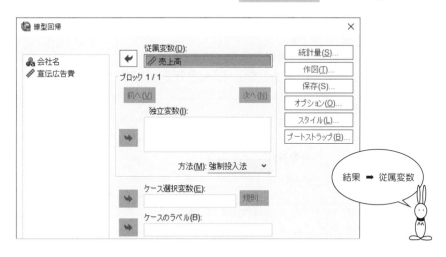

手順④ 続いて，宣伝広告費を選択して，独立変数(I) の左側の ⏎ を

クリックして，次のように 独立変数(I) の中へ移動．

あとは，OK ボタンをマウスでカチッ！

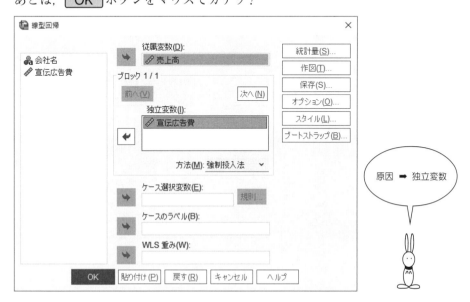

【SPSS による出力】－単回帰分析－

回帰

モデルの要約

モデル	R	R2 乗	調整済み R2 乗	推定値の標準誤差	赤池情報基準
1	.945[a]	.893	.880	105.402	94.924	← ②

a. 予測値:(定数)、宣伝広告費。

↑
AIC

分散分析[a]

モデル		平方和	自由度	平均平方	F 値	有意確率
1	回帰	744818.317	1	744818.317	67.042	.000[b]	← ③
	残差	88877.283	8	11109.660		
	合計	833695.600	9			

a. 従属変数 売上高

b. 予測値:(定数)、宣伝広告費。

係数[a]

モデル		非標準化係数		標準化係数		
		B	標準誤差	ベータ	t 値	有意確率
1	(定数)	99.075	66.771		1.484	.176	← ①
	宣伝広告費	2.145	.262	.945	8.188	.000

a. 従属変数 売上高

$(8.188)^2 = 67.042$

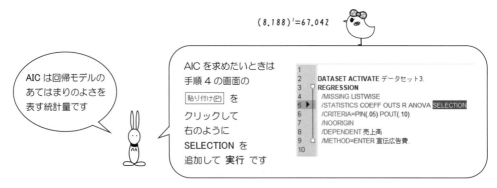

AIC は回帰モデルの
あてはまりのよさを
表す統計量です

AIC を求めたいときは
手順 4 の画面の

貼り付け(P) を

クリックして
右のように
SELECTION を
追加して 実行 です

```
1
2    DATASET ACTIVATE データセット3.
3  ▽ REGRESSION
4      /MISSING LISTWISE
5  ▶   /STATISTICS COEFF OUTS R ANOVA SELECTION
6      /CRITERIA=PIN(.05) POUT(.10)
7      /NOORIGIN
8      /DEPENDENT 売上高
9  △   /METHOD=ENTER 宣伝広告費.
10
```

【出力結果の読み取り方】

← ①　ここでは回帰係数を求めたり，回帰係数の検定をしたりしています．

　　　Ｂ のところが 99.075 と 2.145 なので，回帰直線は

$$Y = 99.075 + 2.145 \times 宣伝広告費$$

であることがわかる．

・ベータは標準回帰係数のことで，宣伝広告費と売上高の相関係数に一致する．

・t 値 8.188 は

"仮説 H_0：母回帰係数は $\boxed{0}$ である"

を検定するための検定統計量．

　　　その**有意確率**は 0.000 なので，仮説 H_0 は棄てられる．つまり，

母回帰係数は $\boxed{0}$ ではないので，求めた回帰直線は予測に役立つことがわかる．

← ②　Ｒ は重相関係数なのだが，これは実測値と予測値の相関係数のこと．

・R2 乗は決定係数で，回帰直線のあてはまりのよさを示す量．

$\boxed{1}$ に近いほどあてはまりがよいので，

求めた回帰直線はよくあてはまっている

ことがわかる．

← ③　ここが回帰の分散分析表で

"仮説 H_0：求めた回帰直線は予測に役立たない"

を検定している．

有意確率 0.000 ≦ 有意水準 0.05 なので，仮説 H_0 は棄てられる．

したがって，

求めた回帰直線は予測に役立つ

ことがわかります．

【SPSS による散布図の描き方】

手順① 散布図を描くときは，グラフ(G) をマウスでカチッ！

そして，散布図/ドット(S) を選択．

ファイル(F)	編集(E)	表示(V)	データ(D)	変換(T)	分析(A)	グラフ(G)	ユーティリティ(U)	拡張機能(X)	ウィンドウ(W)	ヘルプ(H)

📊 図表ビルダー(C)...
🔲 グラフボード テンプレート選択(G)...
🗺 関係マップ(R)...
➕ ワイブル プロット...
➕ サブグループの比較
➕ 回帰変数プロット
📊 棒(B)...
📊 3-D 棒(3)...
📈 折れ線(L)...
📊 面(A)...
🥧 円(E)...
📊 ハイ ロー(H)...
📊 箱ひげ図(X)...
📊 エラー バー(O)...
📊 人口ピラミッド(Y)...
📊 散布図/ドット(S)...
📊 ヒストグラム(I)...

	🔒会社名	✎宣伝広告費	✎売上高	var	var		var	var	var
1	A	107	286						
2	B	336	851						
3	C	233	589						
4	D	82	389						
5	E	61	158						
6	F	378	1037						
7	G	129	463						
8	H	313	563						
9	I	142	372						
10	J	428	1020						
11									
12									
13									
14									
15									
16									
17									
18									
19									
20									

手順② 次の画面が現れたら，5 種類の散布図から好みのものを

マウスでクリック．そして，定義(F) をカチッ！

散布図/ドット
- 単純な散布
- 行列散布
- シンプル ドット
- オーバーレイ散布
- 3-D 散布図

定義(F) キャンセル ヘルプ

ここで 単純な散布を 選びます

手順③ 次の画面が現れたら，売上高を Y軸(Y) へ，

宣伝広告費を X軸(X) へ移動しよう．

あとは， OK ボタンをマウスでカチッ！

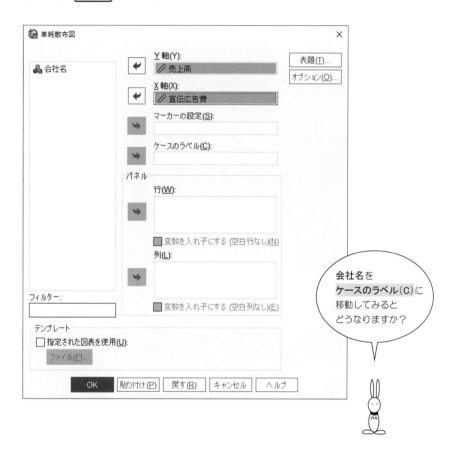

会社名を
ケースのラベル(C)に
移動してみると
どうなりますか？

統計処理の第一歩はグラフ表現で〜す

すると，次のような散布図が現れる．

これに満足できないときは，画面上をダブルクリックしてみよう！

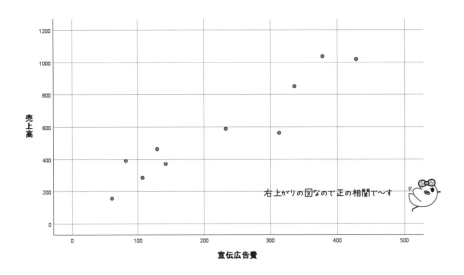

右上がりの図なので正の相関で〜す

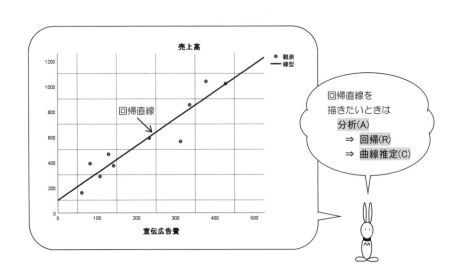

回帰直線を
描きたいときは
分析(A)
　⇒ 回帰(R)
　⇒ 曲線推定(C)

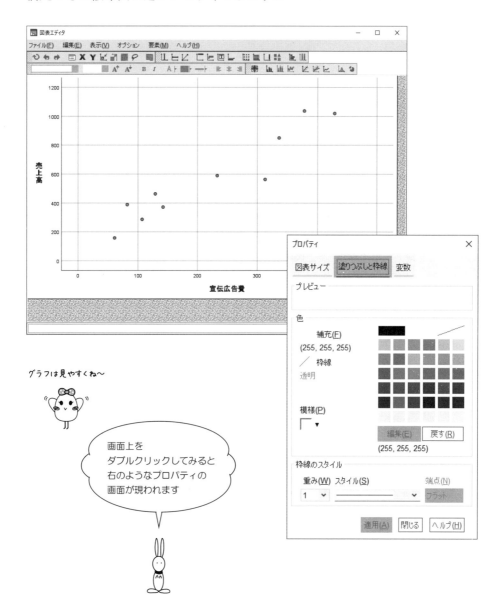

手順 5 図表エディタを利用すれば

満足できる散布図に近づいてゆくでしょう *!!*

グラフは見やすくね〜

画面上を
ダブルクリックしてみると
右のようなプロパティの
画面が現われます

SPSS を使って，重回帰分析をしてみよう！

次のデータは6つの地域の，平均寿命，所得に対する医療費の割合，
タンパク質摂取量について調べたものです．

表 13.1　長生きの原因をさぐる

地域	平均寿命	医療費の割合	タンパク質
A	65.7 歳	3.27 %	69.7 g
B	67.8 歳	3.06 %	69.7 g
C	70.3 歳	4.22 %	71.3 g
D	72.0 歳	4.10 %	77.6 g
E	74.3 歳	5.26 %	81.0 g
F	76.2 歳	6.18 %	78.7 g

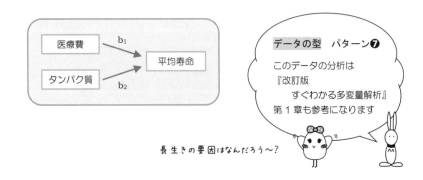

データの型　パターン❼

このデータの分析は
『改訂版
　すぐわかる多変量解析』
第 1 章も参考になります

長生きの要因はなんだろう〜？

分析したいことは？

- 平均寿命，医療費の割合，タンパク質摂取量の間の関係式は？
- 平均寿命に影響を与えているのは，
  医療費の割合とタンパク質摂取量のどちらだろうか？

【データ入力の型】

次のようにデータを入力しよう．

対応のあるデータは
横方向に入力！

	🗃地域	📏平均寿命	📏医療費	📏タンパク質	var	var	var
1	A	65.7	3.27	69.7			
2	B	67.8	3.06	69.7			
3	C	70.3	4.22	71.3			
4	D	72.0	4.10	77.6			
5	E	74.3	5.26	81.0			
6	F	76.2	6.18	78.7			
7							
8		↑	↑	↑			
9		従属変数	独立変数	独立変数			
10		y	x_1	x_2			
11							
12							
13							
14							
15							
16							
17							
18							

独立変数が
2個以上になると
"重回帰分析"
といいます

単回帰分析
　＝simple regression analysis
重回帰分析
　＝multiple regression analysis

regression は後退とか逆行とか回復の意味ね〜

【統計処理のための手順】 – 重回帰分析 –

手順① 分析(A) 中の 回帰(R) を選び，続いて，

　　　右側のサブメニューの 線型(L) をマウスでカチッ！

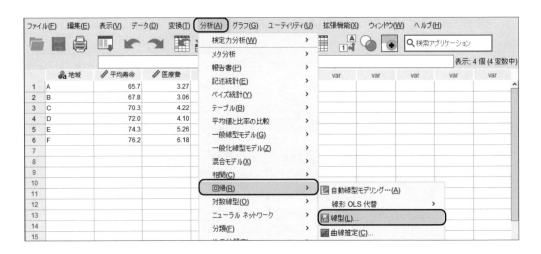

手順② すると，次の 線型回帰 の画面が現れるので…

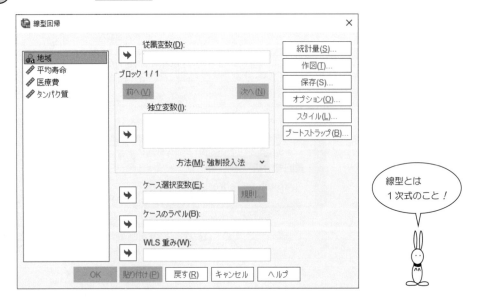

線型とは
１次式のこと！

手順③ 平均寿命をマウスで選択してから，従属変数(D) の左側の ➡ を
クリック．すると 従属変数(D) の中に，平均寿命が移動する．

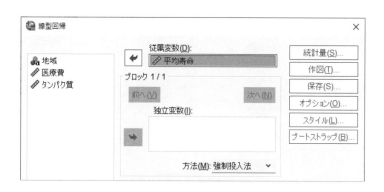

手順④ 次に，医療費を選択して，独立変数(I) の左側の ➡ をクリック．
続いて，タンパク質も 独立変数(I) の中へ移動．

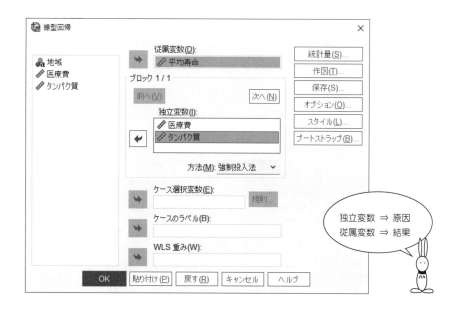

独立変数 ⇒ 原因
従属変数 ⇒ 結果

独立変数の選択をしたいときは，方法(M) の▼をカチッ.

すると，小さなメニューが現れるので，ここでは強制投入法を選択.

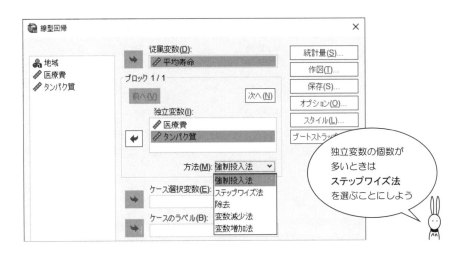

手順 5 の 統計量(S) をカチッとすると，次の画面が現れるので，

平均値，標準偏差，相関係数を知りたいときは 記述統計(D) をチェック.

そして，続行 をクリック.

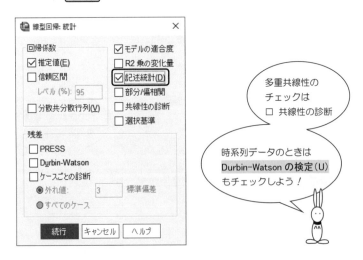

手順 7 手順 5 の画面にもどったら，保存(S) をカチッとしよう．

次の画面が現れるので，予測値を知りたいときは

標準化されていない(U) を選択．そして，続行．

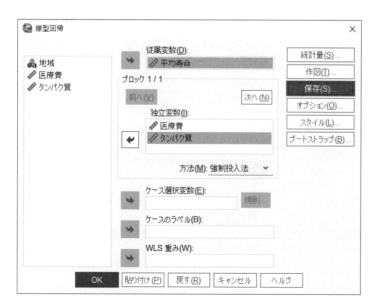

手順 8 次の画面にもどったら，

あとは，OK ボタンをマウスでカチッ！

【SPSS による出力・その1】 − 重回帰分析 −

回帰

相関

		平均寿命	医療費	タンパク質
Pearson の相関	平均寿命	1.000	.946	.904
	医療費	.946	1.000	.825
	タンパク質	.904	.825	1.000
有意確率 (片側)	平均寿命	.	.002	.007
	医療費	.002	.	.022
	タンパク質	.007	.022	.
度数	平均寿命	6	6	6
	医療費	6	6	6
	タンパク質	6	6	6

> ベイズ統計による相関分析は
> 「SPSS によるベイズ統計の手順」
> 第 7 章を参照してください

モデルの要約[b]

モデル	R	R2 乗	調整済み R2 乗	推定値の標準誤差	赤池情報基準	
1	.971[a]	.943	.906	1.2105	4.134	← ①

AIC

a. 予測値: (定数)、タンパク質, 医療費。

b. 従属変数 平均寿命

分散分析[a]

モデル		平方和	自由度	平均平方	F 値	有意確率	
1	回帰	73.339	2	36.669	25.025	.013[b]	← ②
	残差	4.396	3	1.465			
	合計	77.735	5				

a. 従属変数 平均寿命

b. 予測値: (定数)、タンパク質, 医療費。

> AIC を求めたいときは
> p.176 と同じように
> SELECTION を
> 追加してください

```
1
2    DATASET ACTIVATE データセット1.
3    REGRESSION
4      /DESCRIPTIVES MEAN STDDEV CORR SIG N
5      /MISSING LISTWISE
6    ▶ /STATISTICS COEFF OUTS R ANOVA SELECTION
7      /CRITERIA=PIN(.05) POUT(.10)
8      /NOORIGIN
9      /DEPENDENT 平均寿命
10     /METHOD=ENTER 医療費 タンパク質
11     /SAVE PRED.
12
```

【出力結果の読み取り方・その1】

←① Rは重相関係数のことで，実測値と予測値の相関係数のこと．

・R2乗は決定係数のことで，重回帰式のあてはまりのよさを示す統計量．

R2乗が 1 に近いほど，重回帰式のあてはまりがよいと判定します．

このデータの場合，$R^2 = 0.943$ なので，

~~求めた重回帰式はよくあてはまっている~~ となります．

・調整済みR2乗は自由度調整済決定係数のこと．

自由度調整済決定係数は…

参考文献『入門はじめての多変量解析』

←② ここが重回帰の分散分析表で，

　　　　　　"仮説 H_0：求めた重回帰式は予測に役立たない"

を検定している．

出力結果を見ると，検定統計量がF値25.025で，その有意確率が0.013．

よって，**有意確率0.013 ≦ 有意水準0.05**より，仮説 H_0 は棄てられる．

したがって，~~求めた重回帰式は予測に役立つ~~ことがわかります．

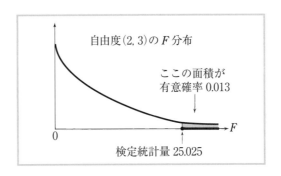

自由度$(2, 3)$のF分布

ここの面積が
有意確率0.013

F

0

検定統計量 25.025

【SPSS による出力・その 2】 − 重回帰分析 −

係数[a]

モデル		非標準化係数		標準化係数	t 値	有意確率
		B	標準誤差	ベータ		
1	(定数)	39.290	11.563		3.398	.043
	医療費	2.077	.805	.627	2.581	.082	← ③
	タンパク質	.304	.191	.387	1.593	.209

a. 従属変数 平均寿命

モデル		共線性の統計量	
		許容度	VIF
1	(定数)		
	医療費	.319	3.132
	タンパク質	.319	3.132

共線性については
参考文献［20］第 1 章を
参照してください

	🖧 地域	📏 平均寿命	📏 医療費	📏 タンパク質	📏 PRE_1
1	A	65.7	3.27	69.7	67.29862
2	B	67.8	3.06	69.7	66.86249
3	C	70.3	4.22	71.3	69.75865
4	D	72.0	4.10	77.6	71.42718	← ④
5	E	74.3	5.26	81.0	74.87126
6	F	76.2	6.18	78.7	76.08180
7					

実測値   標準化されていない予測値

ベイズ統計による
回帰分析は…

データを 2 倍にコピーして回帰分析すると，次のようになります

係数[a]

モデル		非標準化係数		標準化係数	t 値	有意確率
		B	標準誤差	ベータ		
1	(定数)	39.290	6.676		5.885	.000
	医療費	2.077	.465	.627	4.470	.002
	タンパク質	.304	.110	.387	2.759	.022

← サンプル数が
2 倍！

「SPSS によるベイズ統計の手順」
第 8 章を参照してください

【出力結果の読み取り方・その2】

←③　Bのところが，偏回帰係数なので，重回帰式は

$$Y = 39.290 + 2.077 \times 医療費 + 0.304 \times タンパク質$$

となります．

●ベータは標準化した偏回帰係数で，標準偏回帰係数のこと．

●このt値は偏回帰係数の検定，つまり

"仮説 H_0：母偏回帰係数は $\boxed{0}$ である"

を検定している．

●医療費の場合

有意確率 0.082 ＞有意水準 0.05

なので，仮説 H_0 は棄却されない．

　つまり，母偏回帰係数が $\boxed{0}$ なので，

　医療費は重回帰の予測に役に立つとはいえない

となります．

●タンパク質も有意確率が 0.209 なので，

予測に役立たない独立変数ということになります．

サンプル数が少ないと
このような結果になります

←④　手順7のところで，☑ 標準化されていない(U) を選択したので，

このようにデータ・ファイルの右側に予測値 PRE_1 が出力されます．

SPSS を使って，主成分分析をしてみよう！

次のデータは，6カ国における国民1人当たりの総生産と
貿易収支における輸出入超額について調べたものです．

表14.1 国の豊かさをさぐる

国名	総生産	貿易収支
A	23.3	5.24
B	19.8	− 5.23
C	14.7	− 7.95
D	19.7	11.70
E	16.9	− 2.44
F	14.4	− 2.14

データの型　パターン❻

このデータの分析は
『改訂版 すぐわかる多変量解析』
第3章も参考になります

たとえば
総生産 ＋ 貿易収支 → 国の豊かさ？

分析したいことは？

● A国は「豊かな国」といっていいのだろうか？

● B国とC国ではどちらが豊かな国なのだろうか？

【データ入力の型】

このデータは，第4章のデータによく似ています．

次のようにデータを入力しよう．

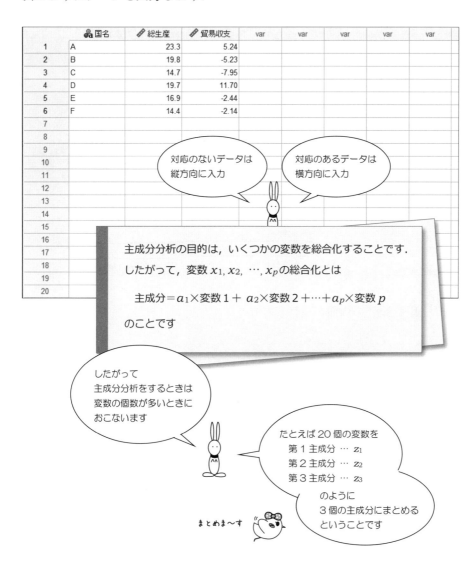

	国名	総生産	貿易収支	var	var	var	var	var
1	A	23.3	5.24					
2	B	19.8	-5.23					
3	C	14.7	-7.95					
4	D	19.7	11.70					
5	E	16.9	-2.44					
6	F	14.4	-2.14					
7								
8								
9								
10								
11								
12								
13								
14								
15								
16								
17								
18								
19								
20								

対応のないデータは
縦方向に入力

対応のあるデータは
横方向に入力

主成分分析の目的は，いくつかの変数を総合化することです．
したがって，変数 $x_1, x_2, \cdots, x_p$ の総合化とは

主成分 $= a_1 \times$ 変数 $1 + a_2 \times$ 変数 $2 + \cdots + a_p \times$ 変数 p

のことです

したがって
主成分分析をするときは
変数の個数が多いときに
おこないます

たとえば 20 個の変数を
第1主成分 … z_1
第2主成分 … z_2
第3主成分 … z_3
のように
3個の主成分にまとめる
ということです

まとめま〜す

【統計処理のための手順】 − 主成分分析 −

手順① 分析(A) から 次元分解(D) を選択しよう.

右側にサブメニューが現れるので, 因子分析(F) をクリックすると……

ファイル(F)	編集(E)	表示(V)	データ(D)	変換(T)	分析(A)	グラフ(G)	ユーティリティ(U)	拡張機能(X)	ウィンドウ(W)	ヘルプ(H)

			🔏 国名	🖊 総生産	🖊 貿易収支	var
1	A		23.3	5.24	
2	B		19.8	-5.23	
3	C		14.7	-7.95	
4	D		19.7	11.70	
5	E		16.9	-2.44	
6	F		14.4	-2.14	
7					
8					
9					
10					
11					
12					
13					
14					
15					
16					
17					

分析(A) メニュー内:
- 検定力分析(W)
- メタ分析
- 報告書(P)
- 記述統計(E)
- ベイズ統計(Y)
- テーブル(B)
- 平均値と比率の比較
- 一般線型モデル(G)
- 一般化線型モデル(Z)
- 混合モデル(X)
- 相関(C)
- 回帰(R)
- 対数線型(O)
- ニューラル ネットワーク
- 分類(F)
- **次元分解(D)** → 🔏 因子分析(F)…
- 尺度(A) → 📊 コレスポンデンス分析(C)…

手順② 次の 因子分析 の画面が現れるので…

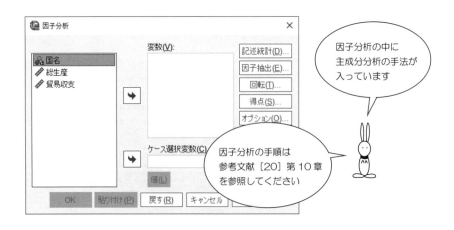

因子分析の中に主成分分析の手法が入っています

因子分析の手順は参考文献［20］第10章を参照してください

手順③ 総生産をマウスで選択してから 変数(V) の左の ⏎ をクリック.

続いて，貿易収支を選択してから ⏎ をクリック. すると，

次のように総生産，貿易収支が 変数(V) の中に移動する.

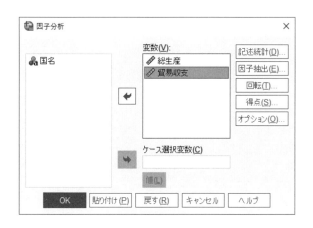

手順④ 次に，手順3の 因子抽出(E) をクリックすると，

次の 因子抽出 の画面になります.

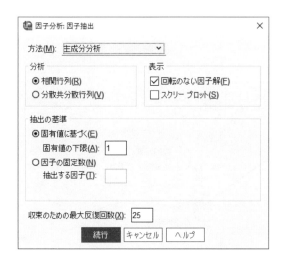

データの標準化を
しないときは
○分散共分散行列(V)
を選択します！

手順⑤ 方法(M) の▼をクリックしてみると，下にメニューが現れる．

もちろんここでは，主成分分析を選ぼう．

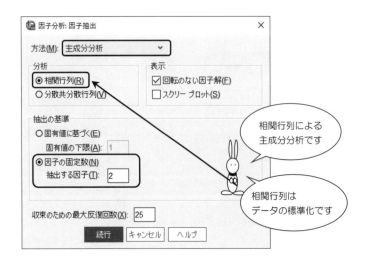

手順⑥ 抽出の基準 のところで 因子の固定数(N) のところをクリックし，

ワクの中に ② を入力．この ② は求めたい主成分の個数 !!

手順⑦ [続行] をクリックすると，手順3の画面にもどるので，

今度は [得点(S)] をクリックしよう.

次の画面が現れたら，主成分得点を求めるために

[変数として保存(S)] をクリック.

主成分得点を利用すれば
ケースのランキングが
できます

手順⑧ [続行] をクリックすると，次の画面にもどるので，

あとは，[OK] ボタンをマウスでカチッ！

【SPSS による出力】－主成分分析－

因子分析 ← ①

説明された分散の合計

成分	初期の固有値			抽出後の負荷量平方和		
	合計	分散の %	累積 %	合計	分散の %	累積 %
1	1.598	79.920	79.920	1.598	79.920	79.920	← ②
2	.402	20.080	100.000	.402	20.080	100.000

因子抽出法: 主成分分析

成分行列^a (成分行列ᵃ)

	成分	
	1	2
総生産	.894	.448
貿易収支	.894	-.448	← ③

因子抽出法: 主成分分析

a. 2 個の成分が抽出されました

	国名	総生産	貿易収支	FAC1_1	FAC2_1
1	A	23.3	5.24	1.25280	.85224
2	B	19.8	-5.23	-.12009	1.32075	← ④
3	C	14.7	-7.95	-1.15808	.08321
4	D	19.7	11.70	1.16350	-1.30493
5	E	16.9	-2.44	-.37736	-.04722
6	F	14.4	-2.14	-.76077	-.90404
7					

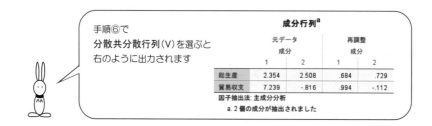

手順⑥で
分散共分散行列（V）を選ぶと
右のように出力されます

成分行列^a (成分行列ᵃ)

	元データ		再調整	
	成分		成分	
	1	2	1	2
総生産	2.354	2.508	.684	.729
貿易収支	7.239	-.816	.994	-.112

因子抽出法: 主成分分析

a. 2 個の成分が抽出されました

【出力結果の読み取り方】

← ① SPSS では，因子分析の中に主成分分析が含まれています．

← ② 固有値，寄与率，累積寄与率を求めている．

標準化しているので
1.598＋0.402＝1＋1
だよ

出力結果を見ると

第 1 主成分 z_1 の固有値が **1.598**，寄与率は **79.920**％

第 2 主成分 z_2 の固有値が **0.402**，寄与率は **20.080**％

であることがわかる．

← ③ 成分 1 は第 1 主成分の因子負荷，成分 2 は第 2 主成分の因子負荷のこと．

したがって，第 1 主成分 z_1 は

$$z_1 = 0.894 \times 総生産 + 0.894 \times 貿易収支$$

となっている．

この z_1 をいかに解釈するかが主成分分析のポイント !!

たとえば，係数の大小やプラス・マイナスから

第 1 主成分 z_1 は "国の豊かさを表している"

のように解釈します．

統計ソフトによっては
プラス・マイナスが
逆に出力されるので

そのときは
"国の貧しさ"
と解釈します

← ④ 主成分得点はデータビューの右側に新しく出力される．

つまり，

FAC1_1 が第 1 主成分得点

FAC2_1 が第 2 主成分得点

となります．

ケースのランキングは
[データ]→[ケースの並べ替え]
を利用します

SPSS を使って，判別分析をしてみよう！

　次のデータは，コスタ海岸に住んでいる公害病のネコと健康なネコにおける
脳と肝臓の中に含まれている水銀量を調査した結果です．

表 15.1　公害病を判別する

No.	公害病のネコ		No.	健康なネコ	
---	脳	肝臓	---	脳	肝臓
1	9.1	54.5	1	2.3	31.8
2	10.4	68.0	2	0.7	14.5
3	8.2	53.5	3	2.5	33.3
4	7.5	47.6	4	1.1	33.4
5	9.7	52.5	5	3.9	61.2
6	4.9	45.3	6	1.0	12.3

↑　　　　　　　　　　↑
グループ 1　　　　　　　グループ 2

データの型　パターン❽

このデータの分析は
『改訂版 すぐわかる多変量解析』
第 5 章も参考になります

2 つのグループを判別

分析したいことは？

- 脳と肝臓の水銀量において，どちらが公害病に影響を与えているのか？

- 昨日，コスタ海岸で死亡したネコは，公害病にかかっていたのでは？

【データ入力の型】

このデータの型は，第2章のデータの型によく似ています．

次のようにデータを入力しよう．

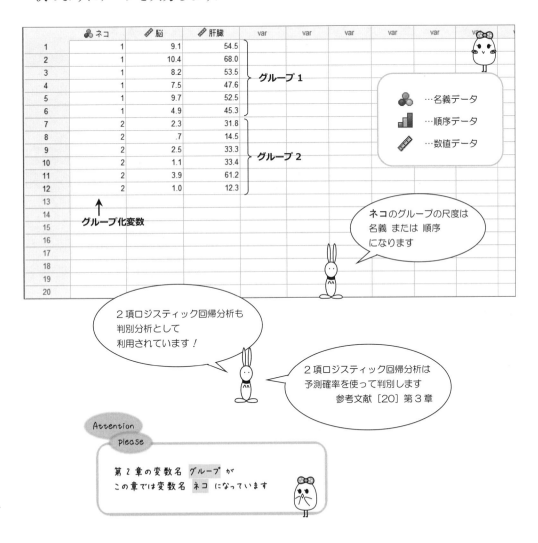

【統計処理のための手順】－判別分析－

手順 ① 分析(A) の中から 分類(F) を選択して

右側のサブメニューの 判別分析(D) をクリックすると……

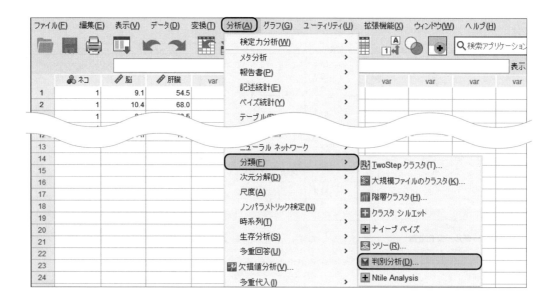

手順 ② 次のような画面が現れるので，ネコをクリックしてから

グループ化変数(G) の左側の ☑ をクリック.

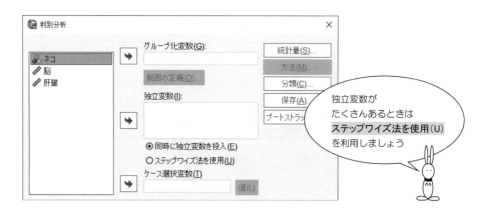

独立変数が
たくさんあるときは
ステップワイズ法を使用(U)
を利用しましょう

手順③ すると, グループ化変数(G) のワクの中が ネコ(? ?) となる.

グループの個数は2個なので,

ネコ(? ?) をネコ(1 2) にするために,

範囲の定義(D) をクリック.

手順④ すると, 次の 範囲の定義 の画面が現れるので

最小(N) の右のワクへ 1

最大(X) の右のワクへ 2

を入力. そして, 続行 をクリック.

グループの数は
3個以上でも
OKです！

最小 1

最大 3

手順⑤ グループ化変数(G) がネコ(1 2)になったら,

脳と肝臓をそれぞれ 独立変数(I) の中に入れておこう.

そして,画面右の 統計量(S) をクリックすると……

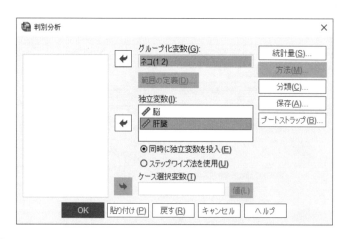

手順⑥ 次の 統計 の画面が現れるので,

1変量の分散分析(A) と 標準化されていない(U)

をクリックして, 続行.

画面が手順5にもどったら, 分類(C) をクリックすると……

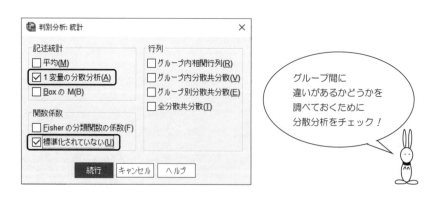

グループ間に
違いがあるかどうかを
調べておくために
分散分析をチェック！

手順 ⑦ 次の 分類 の画面が現れるので，集計表(U) をクリックして，続行．

手順5の画面にもどったら 保存(A) をクリック．

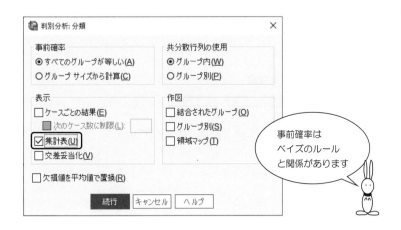

事前確率は
ベイズのルール
と関係があります

手順 ⑧ 次の 保存 の画面が現れるので，判別得点(D) をクリック．

続行 をクリックすると，画面は手順5にもどるので，

あとは，OK ボタンをマウスでカチッ！

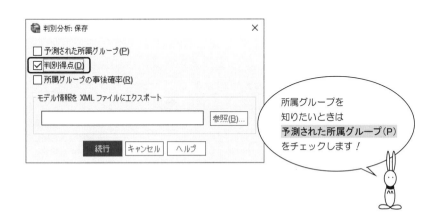

所属グループを
知りたいときは
予測された所属グループ(P)
をチェックします！

判別

グループ平均の差の検定

	Wilks のラムダ	F 値	自由度 1	自由度 2	有意確率
脳	.179	45.906	1	10	.000
肝臓	.551	8.154	1	10	.017	← ①

①の F 値は一元配置の
分散分析の F 値と一致します

固有値

関数	固有値	分散の %	累積 %	正準相関
1	5.405ᵃ	100.0	100.0	.919	← ②

a. 最初の 1 個の正準判別関数が分析に使用されました。

Wilks のラムダ

関数の検定	Wilks のラムダ	カイ 2 乗	自由度	有意確率
1	.156	16.713	2	.000	← ③

ロジスティック回帰分析では
予測確率を利用して
判別分析します

【出力結果の読み取り方・その1】

← ① 1変数のときのウィルクスのΛ（ラムダ）の定義と仮説は，次のとおり.

$$\text{Wilks のラムダ} = \frac{\text{グループ内変動}}{\text{全変動}}$$

"仮説 H_0 ＝ 2つのグループの母平均は等しい"

肝臓の場合，F 値が 8.154 で，その有意確率が 0.017 になっている.

よって，有意確率 0.017 ≦ 有意水準 0.05 より，仮説 H_0 は棄てられるので，
肝臓に関して，2つのグループの母平均に差があることがわかる.

← ② 固有値が大きいほど，求めた線型判別関数によって，
2つのグループは，よく分類されていると解釈します.

ぴよっ

参考文献『改訂版 すぐわかる多変量解析』

← ③ ここの Wilks のラムダは

"2つの独立変数を用いて定義したウィルクスの Λ"

のこと．1変数のときに比べ，その定義はややこしいが，要するに，

"この値が $\boxed{0}$ に近いほど2つのグループ間に差がある"

ことを示しています.

● このカイ2乗で

"仮説 H_0：2つのグループ間に差はない"

を検定している.

検定統計量が 16.713 で，その有意確率が 0.000．したがって，
有意確率 0.000 ≦ 有意水準 0.05 なので，仮説 H_0 は棄てられる.

よって，2つのグループ間に差があることがわかる.

【SPSS による出力・その2】 － 判別分析 －

標準化された正準判別関数係数

	関数 1
脳	1.319 ◀ ④
肝臓	-.556

正準判別関数係数

	関数 1
脳	.808
肝臓	-.041 ◀ ⑤
(定数)	-2.405

非標準化係数

分類結果ᵃ

		ネコ	予測グループ番号 1	2	合計
元のデータ	度数	1	5	1	6
		2	0	6	6
	%	1	83.3	16.7	100.0 ◀ ⑥
		2	.0	100.0	100.0

a. 元のグループ化されたケースのうち 91.7% が正しく分類されました。

	ネコ	脳	肝臓	Dis1_1
1	1	9.1	54.5	2.73096
2	1	10.4	68.0	3.23192
3	1	8.2	53.5	2.04412
4	1	7.5	47.6	1.71858
5	1	9.7	52.5	3.29750
6	1	4.9	45.3	-.28962	◀ ⑦
7	2	2.3	31.8	-1.84154
8	2	.7	14.5	-2.43022
9	2	2.5	33.3	-1.74097
10	2	1.1	33.4	-2.87684
11	2	3.9	61.2	-1.74582
12	2	1.0	12.3	-2.09806

↑
判別得点

【出力結果の読み取り方・その2】

←④　標準化したときの線型判別関数の係数を求めている．この係数の絶対値が

　　　大きいほど，判別に重要な役割をはたしている変数ということになります．

←⑤　標準化されていない線型判別関数の係数を求めている．

　　　このデータの場合，線型判別関数 z は

$$z = 0.808 \times 脳 - 0.041 \times 肝臓 - 2.405$$

となっています．

←⑥　線型判別関数によって判別された結果を示している．

　　　ネコ1の場合，6個のデータのうち，5個が正しく判別され，

　　　1個が誤って判別されている．したがって，

　　　ネコ1の正答率は83.3%，誤判別率は16.7%となる．

$$\frac{5}{6} \times 100 = 83.3$$

$$\frac{11}{12} \times 100 = 91.7$$

←⑦　データビューの右側に，判別得点 Dis1_1 が出力される．

　　　⑤で求めた線型判別関数に，脳と肝臓の数値を代入した値が，

　　　判別得点となります．例えば，

　　　No.6 の判別得点

$$- 0.28962 = 0.808 \times 4.9 - 0.041 \times 45.3 - 2.405$$

係数の有効数字のケタ数を上げると一致します〜

SPSS を使って，独立性の検定と残差分析をしてみよう！

次のデータはアメリカの大学生を対象におこなった出身地と婚前交渉に関する
アンケート調査の集計結果です．

表 16.1　アメリカの大学生の意識調査

婚前交渉 出身地	賛　　成	未　定	反　　対
東　　部	82 人	121 人	36 人
南　　部	201 人	373 人	149 人
西　　部	169 人	142 人	28 人

↑
クロス集計表

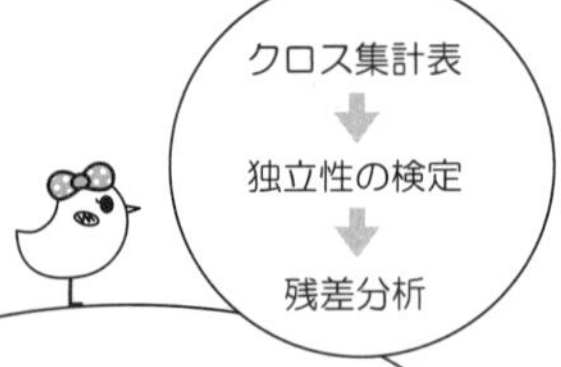

クロス集計表
↓
独立性の検定
↓
残差分析

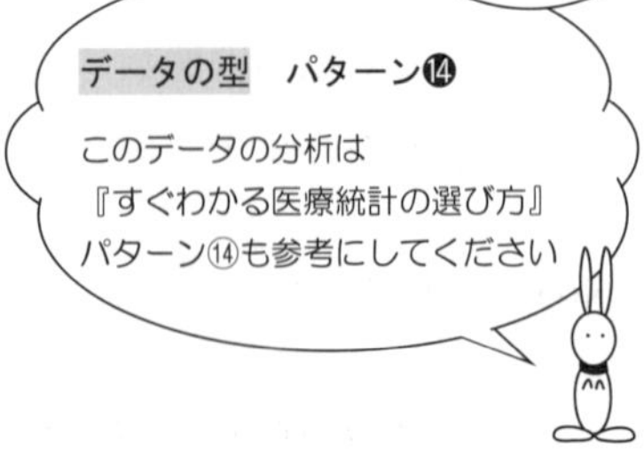

データの型　パターン⓮

このデータの分析は
『すぐわかる医療統計の選び方』
パターン⓮も参考にしてください

分析したいことは？

● 出身地と婚前交渉の間になんらかの関連があるかどうか？

【データ入力の型】

アンケート調査のデータは,

"クロス集計される前のアンケート調査票"

になっているのが一般的です.

アンケート調査票 がデータとしてファイルに入力されていても,

SPSS は,独立性の検定に進むことができます.

重み = 度数
= データの個数

しかし,左ページのように

"データがすでに クロス集計表 として集計されている"

ときには,次のようにデータ入力をします !!

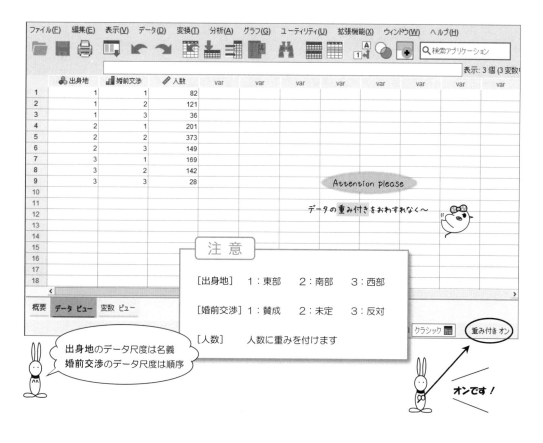

【データ入力の手順】

手順 ① データを入力するときは，新規作成画面の 変数ビュー をマウスでカチッ．

次のように入力して， 値 のところの □ をクリック．

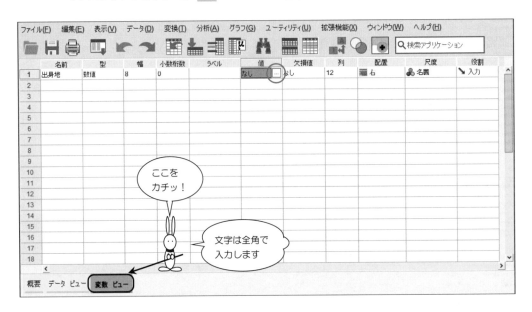

手順 ② 値ラベル の画面になったら，次のように，値とラベルを入力．

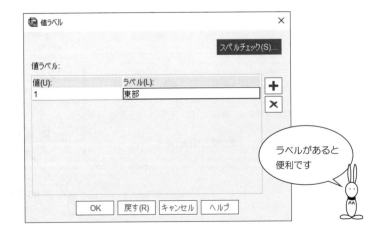

手順③ 次のように値とラベルを入力し終わったら，OK をカチッ.

手順④ 名前 のところにもどって，2番目のセルに婚前交渉と入力．同じように
値ラベル のところに，値とラベルを入力して，OK をカチッ！

手順⑤ もう一度，名前 のところにもどって，3番目のセルに人数と入力．

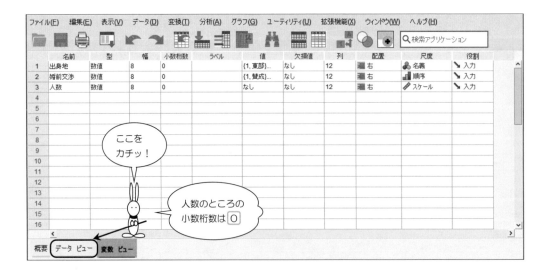

手順⑥ 人数のデータはデータの個数が入るので，小数桁数 のところは0に
しておこう．そして，画面左下の データビュー をクリック！

手順 ⑦ 続いて，　データ(D)　をクリック．メニューの一番下の

ケースの重み付け(W)　をカチッとしよう．

手順 8 すると，次のケースの重み付けの画面が現れるので，

ケースの重み付け(W) をマウスでカチッ.

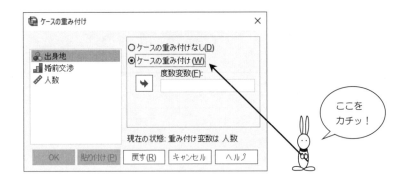

手順 9 人数を選択してから ⏎ をクリックすると，次のように

度数変数(F) の下のワクに人数が移動する.

そして， OK をカチッ.

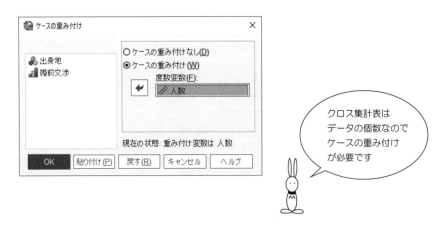

手順⑩ データビュー の画面にもどったら,

出身地 のところに　1, 1, 1, 2, 2, 2, 3, 3, 3　と入力.

婚前交渉 のところに　1, 2, 3, 1, 2, 3, 1, 2, 3　と入力します.

手順⑪ 最後に 人数 のところには, 上から順に数値を 82, 121, 36, … と
入力すれば, できあがり.

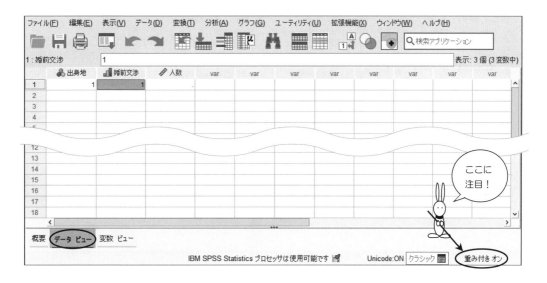

つまり
出身地＝1, 婚前交渉＝1 のデータが　82 個
出身地＝1, 婚前交渉＝2 のデータが 121 個

【統計処理のための手順】 − 独立性の検定と残差分析 −

手順① 分析(A) の中の 記述統計(E) を選択.

サブメニューの クロス集計表(C) をクリックすると…

クロス集計表
= cross table

手順② 次の クロス集計表 の画面になります.

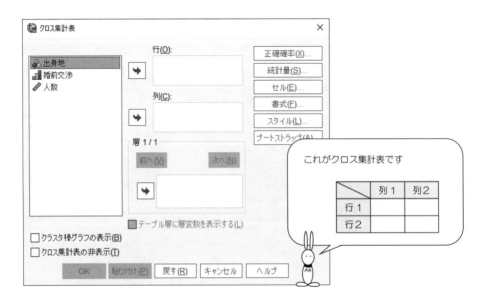

これがクロス集計表です

	列1	列2
行1		
行2		

手順 3 出身地を選択してから，列(C) の左側の ← をクリックすると，
次のように，出身地が 列(C) の中に移動します．

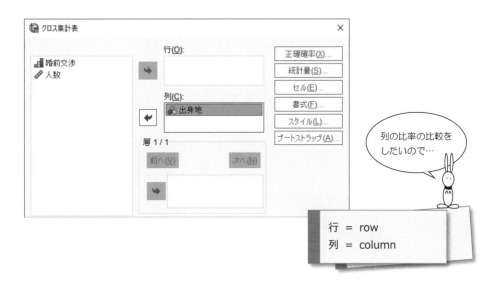

手順 4 続いて，婚前交渉を選択して，行(O) の ← をクリックすると，
次のように，婚前交渉が 行(O) の中に移動します．

手順 5 さらに，手順4の 統計量(S) をクリックすると，
次の画面が現れるので， カイ 2 乗(H) をチェック.

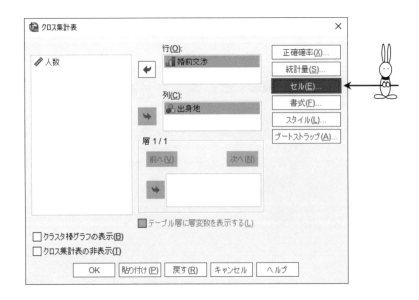

手順 6 続行 をクリックすると，次の画面にもどるので
セル(E) をクリック.

手順⑦ すると，次のセル表示の設定の画面になります．

列の比率の多重比較をしたいときは

次のように z 検定と□列(C)をチェック！

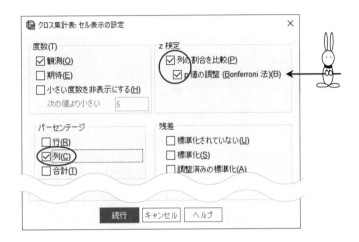

手順⑧ 調整済み標準化残差を調べたいときは

次のように残差のところをチェック‼

[続行]をクリックして，手順6の画面にもどったら

あとは [OK] ボタンをマウスでカチッ．

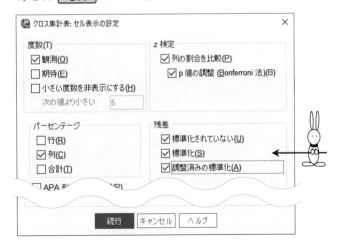

【SPSS による出力】 －独立性の検定－

クロス集計表

カイ 2 乗の出力です

婚前交渉 と 出身地 のクロス表

度数

			出身地		合計
		東部	南部	西部	
婚前交渉	賛成	82	201	169	452
	未定	121	373	142	636
	反対	36	149	28	213
合計		239	723	339	1301

← ①

オプションの
Exact Tests を使うと
漸近有意確率ではなく
"正確有意確率"を
求めることができます

カイ 2 乗検定

	値	自由度	漸近有意確率 (両側)	
Pearson のカイ 2 乗	58.748^a	4	<.001	← ②
尤度比	59.436	4	<.001	← ③
線型と線型による連関	21.551	1	<.001	
有効なケースの数	1301			

a. 0 セル (0.0%) は期待度数が 5 未満です。最小期待度数は
39.13 です。

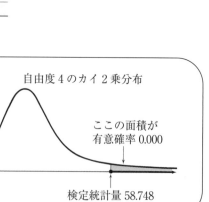

自由度 4 のカイ 2 乗分布

ここの面積が
有意確率 0.000

検定統計量 58.748

【出力結果の読み取り方】

←① この表が独立性の検定で有名なクロス集計表 *!!*

←② 独立性の検定は

     "仮説 H_0：2 つの属性は独立である"

を検定する手法のこと.

  このデータでは，2 つの属性とは

     "婚前交渉" と "出身地"

ということになります.

つまり
独立とは
関連がない
ということだね

●Pearson のカイ 2 乗のところを見ると，検定統計量が 58.748 で，

その有意確率（両側）が $<.001$ になっている.

  したがって，有意確率 $<.001$ ≦有意水準 0.05 より，

仮説 H_0 は棄てられる.

  つまり，

    "婚前交渉" と "出身地" の間には，なんらかの関連がある

ことがわかります.

←③ 尤度比 λ とは

$$\lambda = \frac{\text{パラメータ空間の部分空間上での尤度関数の最大値}}{\text{パラメータ空間上での尤度関数の最大値}}$$

のことで，$0 \leqq \lambda \leqq 1$ の間を動きます.

ベイズ統計による推定と検定は
「SPSS によるベイズ統計の手順」
第 10 章を参照してください

【SPSS による出力】 − 比率の多重比較と残差分析 −

婚前交渉 と 出身地 のクロス表

			出身地 東部	出身地 南部	出身地 西部	合計	
婚前交渉	賛成	度数	82a	201a	169b	452	← ④
		出身地 の %	34.3%	27.8%	49.9%	34.7%	
	未定	度数	121a, b	373b	142a	636	← ④
		出身地 の %	50.6%	51.6%	41.9%	48.9%	
	反対	度数	36a	149a	28b	213	
		出身地 の %	15.1%	20.6%	8.3%	16.4%	
合計		度数	239	723	339	1301	
		出身地 の %	100.0%	100.0%	100.0%	100.0%	

各サブスクリプト文字は、列の比率が .05 レベルでお互いに有意差がない出身地 のカテゴリのサブセットを示します。

z 検定の出力です

婚前交渉 と 出身地 のクロス表

			出身地 東部	出身地 南部	出身地 西部	合計	
婚前交渉	賛成	度数	82a	201a	169b	452	
		残差	-1.0	-50.2	51.2		
		標準化残差	-.1	-3.2	4.7		
		調整済み残差	-.2	-5.9	6.8		
	未定	度数	121a, b	373b	142a	636	
		残差	4.2	19.6	-23.7		
		標準化残差	.4	1.0	-1.8		← ⑤
		調整済み残差	.6	2.2	-3.0		
	反対	度数	36a	149a	28b	213	
		残差	-3.1	30.6	-27.5		
		標準化残差	-.5	2.8	-3.7		
		調整済み残差	-.6	4.6	-4.7		
合計		度数	239	723	339	1301	

各サブスクリプト文字は、列の比率が .05 レベルでお互いに有意差がない出身地 のカテゴリのサブセットを示します。

残差の出力です

【出力結果の読み取り方】

←④　ここが列の比率の多重比較です.

●賛成のところを見ると,サブスクリプトがa,a,bになっているので

お互いに有意差のないサブセットは,次の2つです.

{東部　南部}　　　{西部}
34.3%　27.8%　　　49.9%

したがって,比率の有意差のある組合せは

| 東部と西部 | | 南部と西部 |

になります.

●未定のところの有意差のないサブセットは,次の2つです.

{東部　南部}　　　{東部　西部}
50.6%　51.6%　　　50.6%　41.9%

したがって,比率の有意差のある組合せは,次の1つです.

| 南部と西部 |

←⑤　ここが残差分析です.

期待度数は,婚前交渉と出身地のカテゴリが独立と仮定したときの度数です.

したがって,関連があると残差が大きくなります.

調整済み残差の絶対値が 1.96 以上のセルについて

婚前交渉と出身地のカテゴリの間に関連があります.

したがって,関連のあるカテゴリの組は,次のようになります.

賛成と南部	賛成と西部
未定と南部	未定と西部
反対と南部	反対と西部

第17章

2つの母比率の差の検定

SPSS を使って，2つの母比率の差の検定をしてみよう！

次のデータは大都市と地方都市において"花粉症で悩んでいるかどうか？"のアンケート調査をおこなった集計結果です．

表17.1 大都市と地方都市の花粉症

	花粉症で悩んでいる	花粉症で悩んでいない
大都市	132 人	346 人
地方都市	112 人	403 人

↑
2×2クロス集計表

データの型　パターン⓫

このデータの分析は
『すぐわかる統計処理の選び方』
パターン⓫も参考にしてください
注：データが少し異なります

たとえば
大都市の方が花粉症にかかりやすいとか…

分析したいことは？

● 大都市に住んでいる人が花粉症にかかる比率と

　地方都市に住んでいる人が花粉症にかかる比率が同じかどうか？

● もし2つの比率に差があれば，

　花粉症は住んでいる環境に大きく左右されているのだろうか？

【データ入力の型】

このデータ入力の手順は，第16章のデータ入力の手順と同じです！

次のようにデータを入力しよう．

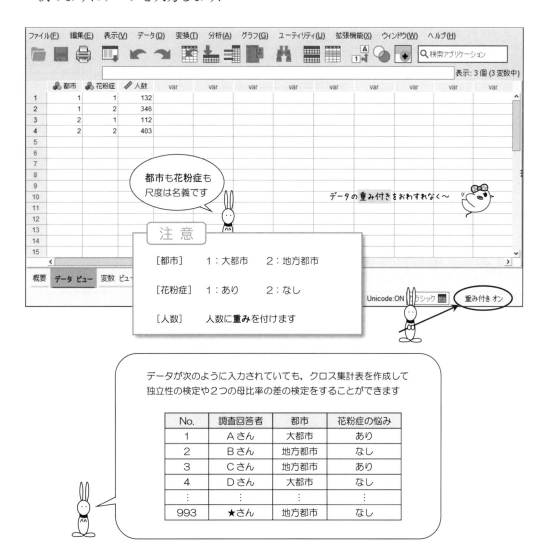

都市も花粉症も
尺度は名義です

データの重み付きをおわすれなく〜

注　意

[都市]　　1：大都市　　2：地方都市

[花粉症]　1：あり　　　2：なし

[人数]　　人数に重みを付けます

Unicode:ON　クラシック　　重み付き オン

データが次のように入力されていても，クロス集計表を作成して
独立性の検定や2つの母比率の差の検定をすることができます

No.	調査回答者	都市	花粉症の悩み
1	Aさん	大都市	あり
2	Bさん	地方都市	なし
3	Cさん	地方都市	あり
4	Dさん	大都市	なし
⋮	⋮	⋮	⋮
993	★さん	地方都市	なし

【統計処理のための手順】 － 2 つの母比率の差の検定 －

手順① 分析（A） ⇨ 平均値と比率の比較 ⇨ 独立サンプルの比率（R） を選択．

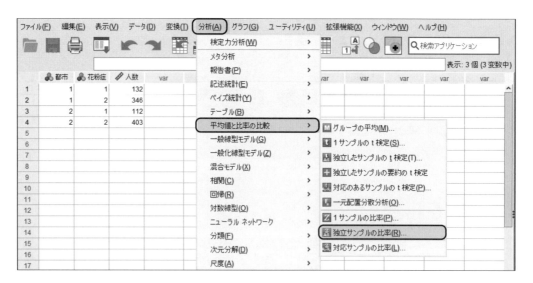

手順② 次の 独立サンプルの比率 の画面が現れるので…．

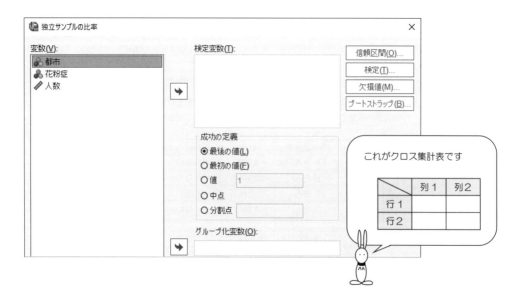

手順③ 都市を選択してから，グループ化変数(O) の中へ.

続いて，花粉症を選択してから，検定変数(T) の中へ.

成功の定義は

　　○ 最初の値(F)

を選択します.

あとは，OK ボタンをマウスでカチッ！

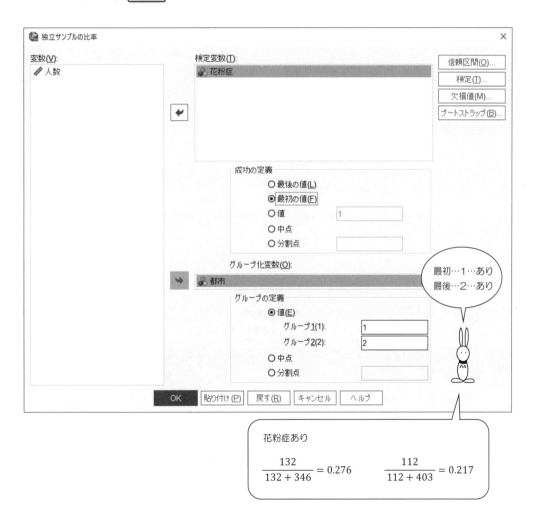

最初…1…あり
最後…2…あり

花粉症あり

$$\frac{132}{132+346}=0.276 \qquad \frac{112}{112+403}=0.217$$

【SPSS による出力】 – 2 つの母比率の差の検定 –

比率

独立したサンプルの比率のグループ統計量

	都市	成功数	試行	比率	漸近標準誤差
花粉症 = あり	= 大都市	132	478	.276	.020
	= 地方都市	112	515	.217	.018

独立したサンプルの比率の信頼区間

	区間のタイプ	比率の差	漸近標準誤差	差の 95% 信頼区間 下限	上限
花粉症 = あり	Agresti-Caffo	.059	.027	.005	.112
	Newcombe	.059	.027	.005	.112

独立したサンプルの比率検定

	検定の種類	比率の差	漸近標準誤差	Z	有意確率 片側 p 値	両側 p 値
花粉症 = あり	Wald H0	.059	.027	2.146	.016	.032

◀ ①

カイ 2 乗検定

	値	自由度	漸近有意確率 (両側)
Pearson のカイ 2 乗	4.605[a]	1	.032
連続修正[b]	4.294	1	.038

【出力結果の読み取り方】

←① 2つの母比率の差の検定には，正規分布による方法と
カイ2乗分布による方法の2通りがあります．

2つの母比率の差の検定は

"仮説 H_0：2つの母比率は等しい"

を検定しています．

● Z のところを見ると，検定統計量が 2.146 で，
その両側有意確率が 0.032 になっています．

したがって，有意確率 0.032 ≦ 有意水準 0.05 より，
仮説 H_0 は棄却されます．

よって，

<u>大都市と地方都市では花粉症にかかる比率は異なる</u>

ことがわかります．

ここが
正規分布による方法です

● Pearson のカイ2乗のところを見ると，検定統計量が 4.605 で，
その漸近有意確率が 0.032 になっています．

したがって，有意確率 0.032 ≦ 有意水準 0.05 より，
仮説 H_0 は棄却されます．

こちらがカイ2乗分布
による方法です

$(2.146)^2 = 4.605$

第 18 章

同等性の検定

SPSS を使って，同等性の検定をしてみよう！

次のデータは，2つの干潟において調査したバード・ウォッチングの結果です．

表 18.1　谷津干潟と藤前干潟の飛来数

	ちどり	しぎ	さぎ
谷津干潟	210 羽	2500 羽	110 羽
藤前干潟	350 羽	3800 羽	230 羽

↑
クロス集計表

データの型　パターン⑬

このデータの分析は
『すぐわかる統計処理の選び方』
パターン⑬も参考にしてください

分析したいことは？

● 谷津干潟と藤前干潟における
　ちどり，しぎ，さぎの飛来数の比は同じといえるだろうか？

【データ入力の型】

このデータの入力手順は，第16章のデータ入力の手順と同じです！

次のようにデータを入力しよう．

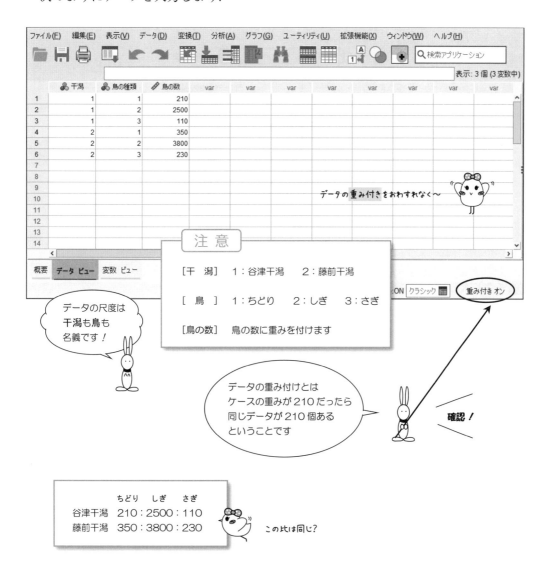

データの尺度は
干潟も鳥も
名義です！

注意

［干潟］　1：谷津干潟　　2：藤前干潟

［鳥］　　1：ちどり　　2：しぎ　　3：さぎ

［鳥の数］　鳥の数に重みを付けます

データの重み付きをおわすれなく〜

重み付き オン

データの重み付けとは
ケースの重みが210だったら
同じデータが210個ある
ということです

確認！

	ちどり	しぎ	さぎ
谷津干潟	210	2500	110
藤前干潟	350	3800	230

この比は同じ？

【統計処理のための手順】 −同等性の検定−

手順 1 分析(A) の中の 記述統計(E) を選択しよう.

続いて, クロス集計表(C) をクリックすると……

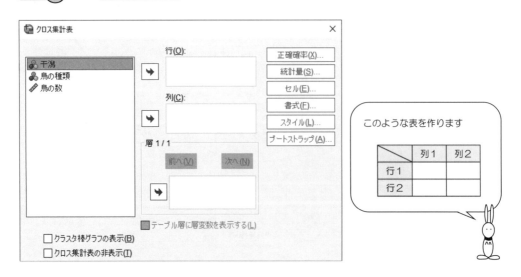

手順 2 次の クロス集計表 の画面が現れるので……

このような表を作ります

	列1	列2
行1		
行2		

手順③ 干潟を 行(O) へ，鳥の種類を 列(C) へ移動.

すると，画面は次のようになるので. 統計量(S) をカチッ.

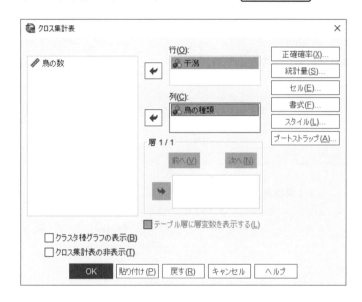

手順④ 次の画面の カイ2乗(H) をチェックしたら，続行 をクリック.

手順3の画面にもどったら， OK ボタンをマウスでカチッ！

独立性の検定の時も出てきました〜

カイ2乗(H)とは
カイ2乗分布による検定
のことです

【SPSS による出力】－同等性の検定－

クロス集計表

干潟 と 鳥の種類 のクロス表

度数

| | | 鳥の種類 | | | |
		ちどり	しぎ	さぎ	合計
干潟	谷津干潟	210	2500	110	2820
	藤前干潟	350	3800	230	4380
合計		560	6300	340	7200

カイ 2 乗検定

	値	自由度	漸近有意確率 (両側)	
Pearson のカイ 2 乗	7.982[a]	2	.018	← ①
尤度比	8.149	2	.017	
線型と線型による連関	.899	1	.343	
有効なケースの数	7200			

a. 0 セル (0.0%) は期待度数が 5 未満です。最小期待度数は 133.17 です。

> セルをクリックして，z 検定と残差のところをチェックすると
> 次のように出力されます．p.221 を参照してください
>
> #### 干潟 と 鳥の種類 のクロス表
>
> | | | | 鳥の種類 | | |
> | | | | ちどり | しぎ | さぎ |
> |---|---|---|---|---|---|
> | 干潟 | 谷津干潟 | 度数 | 210a, b | 2500b | 110a |
> | | | 期待度数 | 219.3 | 2467.5 | 133.2 |
> | | | 調整済み残差 | -.8 | 2.4 | -2.6 |
> | | 藤前干潟 | 度数 | 350a, b | 3800b | 230a |
> | | | 期待度数 | 340.7 | 3832.5 | 206.8 |
> | | | 調整済み残差 | .8 | -2.4 | 2.6 |

【出力結果の読み取り方】

← ① 同等性の検定は

"仮説 H_0：谷津干潟に飛来するさぎ，しぎ，ちどりの比と

藤前干潟に飛来するさぎ，しぎ，ちどりの比は同じ"

を検定している．

出力結果を見ると，Pearson のカイ 2 乗の検定統計量が 7.982 で，その有意確率が 0.018 になっているので……

有意確率 0.018 ≦ 有意水準 0.05 より，仮説 H_0 は棄てられる．

つまり，

谷津干潟と藤前干潟とでは 3 種類の鳥の比が異なっている

ということがわかります．

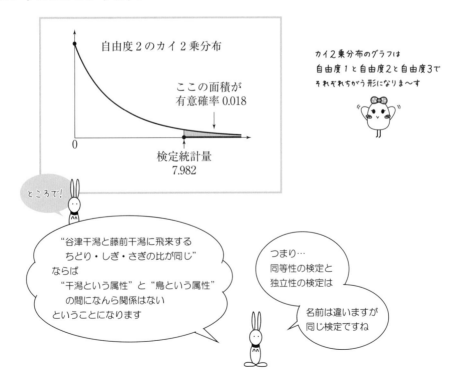

自由度 2 のカイ 2 乗分布

ここの面積が
有意確率 0.018

0

検定統計量
7.982

カイ 2 乗分布のグラフは
自由度 1 と自由度 2 と自由度 3 で
それぞれちがう形になりま〜す

ところで！

"谷津干潟と藤前干潟に飛来する
ちどり・しぎ・さぎの比が同じ"
ならば
"干潟という属性"と"鳥という属性"
の間になんら関係はない
ということになります

つまり…
同等性の検定と
独立性の検定は

名前は違いますが
同じ検定ですね

SPSS を使って，適合度検定をしてみよう！

　次のデータは，遺伝子研究のためキイロショウジョウバエの 3 つのタイプ
野生型メス，野生型オス，白眼オスの 1204 匹について観察した結果です．

表 19.1　遺伝の法則

野生型メス	野生型オス	白眼オス
592 匹	331 匹	281 匹

←3 つのカテゴリ

←観測度数

データの型　パターン⑫

このデータの分析は
『すぐわかる統計処理の選び方』
パターン⑫も参考にしてください

理論上の比は
602 : 301 : 301?

分析したいことは？

● キイロショウジョウバエは，理論上

　　　野生型メス：野生型オス：白眼オス＝　2　：　1　：　1

　の比で子どものハエが発生するといわれているが，

　理論上の比と観測結果の比は，

　統計的に同じだといえるだろうか？

【データ入力の型】

このデータは，第16章のデータとよく似ています.

次のようにデータを入力しよう.

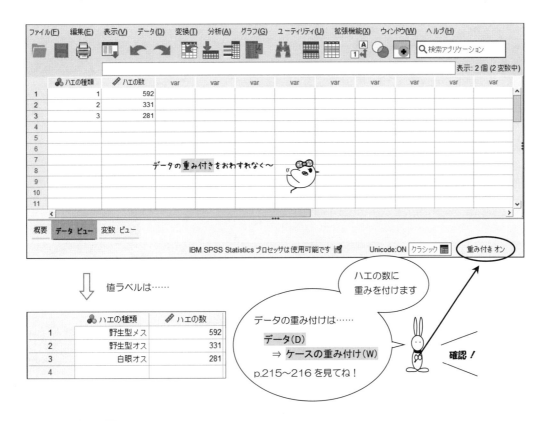

値ラベルは……

	♣ ハエの種類	✐ ハエの数
1	野生型メス	592
2	野生型オス	331
3	白眼オス	281
4		

ハエの数に
重みを付けます

データの重み付けは……
データ(D)
⇒ **ケースの重み付け(W)**
p.215〜216 を見てね！

確認！

注 意

変数 ハエの種類 のところは，

野生型メス，野生型オス，白眼オスのような文字型ではなく，

数値で 1, 2, 3 のように入力しよう！

【統計処理のための手順】 – 適合度検定 –

手順① 分析(A) から

ノンパラメトリック検定(N) ⇨ 1サンプル(O)

を選択しよう.

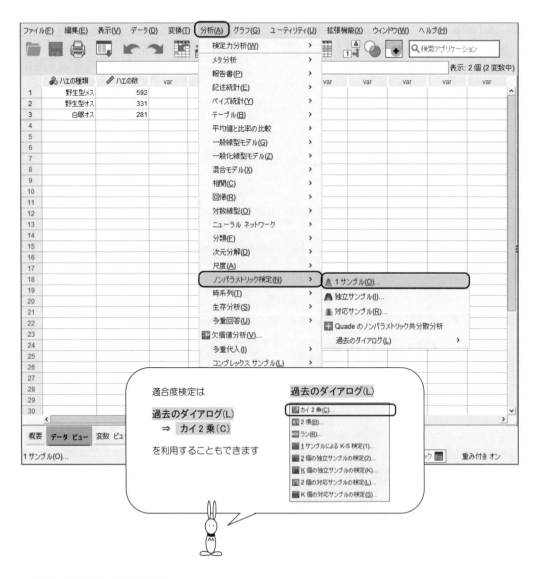

適合度検定は

過去のダイアログ(L)

⇨ **カイ2乗(C)**

を利用することもできます

手順② 次の 1サンプルのノンパラメトリック検定 の画面になったら

○ 分析のカスタマイズ(C)

をチェックしよう.

そして, フィールド をチェック.

Customize analysis とは
"自分の必要に合うように
分析方法を設定する"
とか……

"分析方法を
ユーザーの注文に
応じて選ぶ"
ということです

手順❸ フィールド の画面になったら

ハエの種類

を 検定フィールド(T) に移動しよう.

そして, 設定 をクリック.

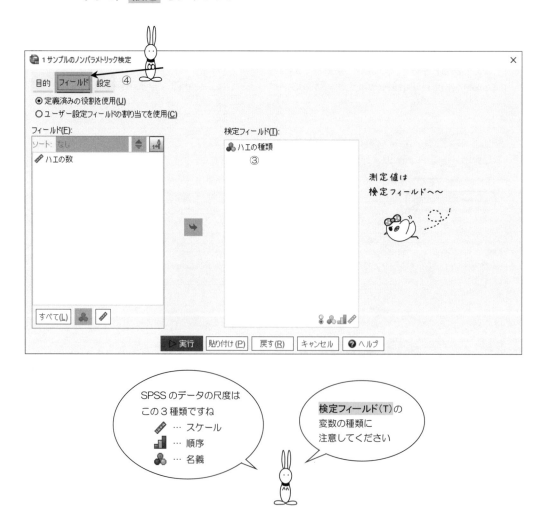

手順④ 設定 の画面になったら

○ 検定のカスタマイズ(T)

をチェック．さらに

□ 観測された確率を仮説と比較する（カイ 2 乗検定）(C)

をチェックして，

オプション

をクリック．

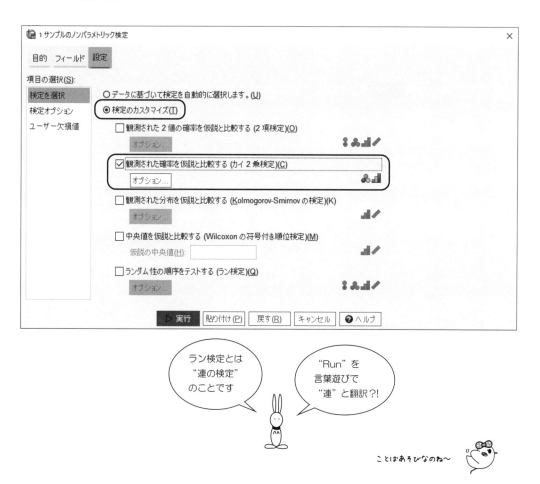

ラン検定とは
"連の検定"
のことです

"Run" を
言葉遊びで
"連" と翻訳?!

ことばあそびなのね〜

手順 ⑤ オプション の画面になったら

　　　　　　　○ 期待確率をカスタマイズする(C)

をチェックしよう.

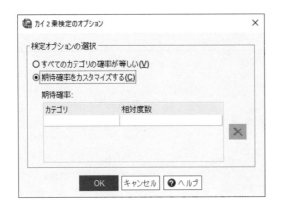

もしも
3つのカテゴリが
2：2：2
であれば……

期待確率をカスタマイズする(C)
ではなく
すべてのカテゴリの確率が等しい(V)
を選びます

手順 6 カテゴリ と 相対度数 のところに

次のように入力したら， OK ボタンをクリック

あとは， ▶実行 をマウスでカチッ!!

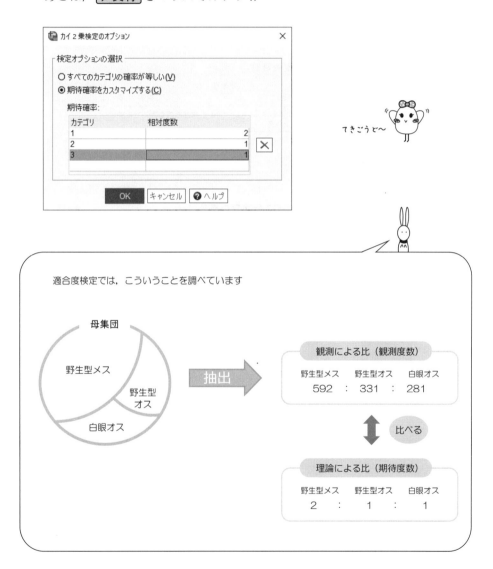

カイ 2 乗検定のオプション ✕

検定オプションの選択

○ すべてのカテゴリの確率が等しい(V)
◉ 期待確率をカスタマイズする(C)

期待確率:

カテゴリ	相対度数
1	2
2	1
3	1

✕

OK キャンセル ❓ヘルプ

てきごうど〜

適合度検定では，こういうことを調べています

母集団

野生型メス

野生型
オス

白眼オス

抽出

観測による比（観測度数）

野生型メス		野生型オス		白眼オス
592	:	331	:	281

比べる

理論による比（期待度数）

野生型メス		野生型オス		白眼オス
2	:	1	:	1

【SPSS による出力】

ノンパラメトリック検定

仮説検定の要約

	帰無仮説	検定	有意確率[a,b]	決定
1	ハエの種類 のカテゴリは、指定された確率で発生します。	1 サンプルによるカイ 2 乗検定	.106	帰無仮説を棄却できません。

a. 有意水準は .050 です。

b. 漸近的な有意確率が表示されます。

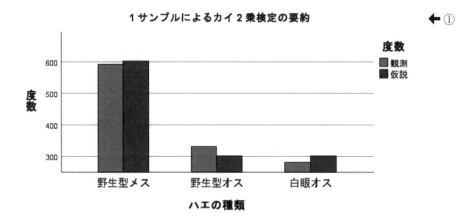

1 サンプルによるカイ 2 乗検定の要約　　　← ①

合計数	1204	
検定統計量	4.485[a]	← ②-1
自由度	2	
漸近有意確率 (両側検定)	.106	← ②-2

a. 期待値が 5 未満の 0 件のセル (0%) があります。期待値の最小値は 301 です。

【出力結果の読み取り方】

←① このカイ2乗検定は適合度検定のこと.

適合度検定は

"仮説 H_0：観測度数と期待度数の比が同じ"

を検定しています.

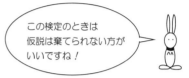

> この検定のときは
> 仮説は棄てられない方が
> いいですね！

←②-1，②-2 2つの出力結果を見ると，検定統計量が4.485で，

その有意確率が0.106になっている．したがって，

有意確率 0.106 ＞有意水準 0.05 より，仮説 H_0 は棄却できない.

つまり，

観測結果の比 592：331：281 と理論上の比 2：1：1 は同じ

と考えられます.

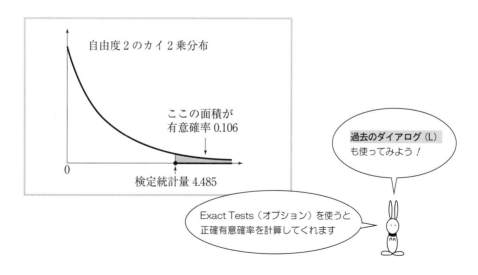

自由度2のカイ2乗分布

ここの面積が
有意確率 0.106

検定統計量 4.485

> **過去のダイアログ（L）**
> も使ってみよう！

> Exact Tests（オプション）を使うと
> 正確有意確率を計算してくれます

第**20**章　検出力・サンプルサイズの求め方

　仮説の検定結果を論文に記入するとき，大切な統計量の1つが

検出力

です．

検出力
＝ power

検定力ともいいます〜

　検出力の定義は，次の表20.1のようになります。

表 20.1　検出力の定義

	仮説 H_0 が正しいとき	仮説 H_0 が正しくないとき
仮説 H_0 を棄てない確率	確率 $1 - \alpha$	確率 β
仮説 H_0 を棄てる確率	有意水準 α	検出力 $1 - \beta$

　つまり，検出力とは

"仮説 H_0 が正しくないとき
仮説 H_0 を棄てる確率"

のことです．

仮説 H_0 が正しくない
＝対立仮説 H_1 が正しい

検出力は確率なので
1 に近いほど
良いということです！

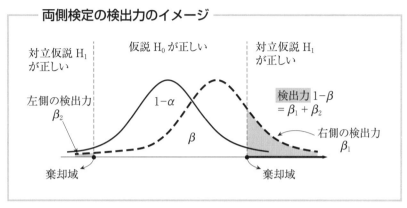

両側検定の検出力のイメージ

対立仮説 H_1 が正しい

仮説 H_0 が正しい

対立仮説 H_1 が正しい

左側の検出力 β_2

$1-\alpha$

検出力 $1-\beta$ $=\beta_1+\beta_2$

β

右側の検出力 β_1

棄却域

棄却域

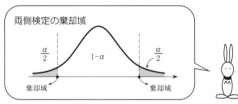

両側検定の棄却域

$\frac{\alpha}{2}$

$1-\alpha$

$\frac{\alpha}{2}$

棄却域

棄却域

片側検定の検出力のイメージ

仮説 H_0 が正しい

対立仮説 H_1 が正しい

$1-\alpha$

検出力 $1-\beta$

β

棄却域

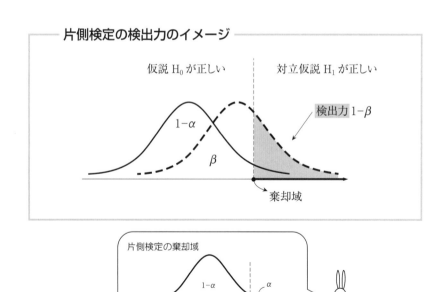

片側検定の棄却域

$1-\alpha$

α

棄却域

【SPSS による検定力分析】

SPSS の検定力分析のメニューは
次のようになっています.

• 平均に関する検定力分析

平均の検出力は
平均値，標準偏差，
データ数，有意水準
を使って計算されます

• 比率に関する検定力分析

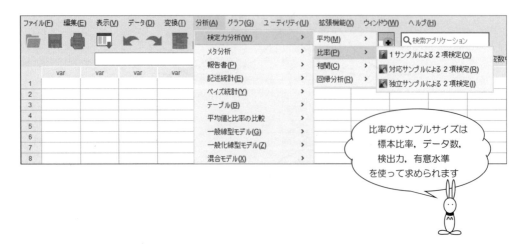

比率のサンプルサイズは
標本比率，データ数，
検出力，有意水準
を使って求められます

• 相関に関する検定力分析

サンプルサイズを
入力すると
それに対応した検出力が
計算されます

• 回帰に関する検定力分析

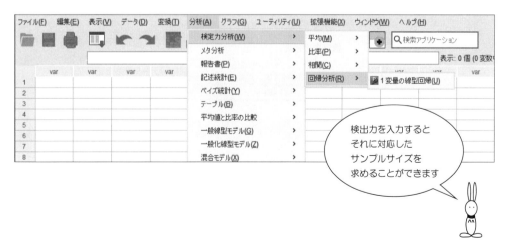

検出力を入力すると
それに対応した
サンプルサイズを
求めることができます

【母平均の検定における検出力の求め方】

求めたいことは

● 仮説 H_0 の母平均 = ［ 880 ］　　データ数 = ［ 8 ］

　　　標本平均 = ［ 981.25 ］　標本標準偏差 = ［ 133.463 ］

　➡このとき，検出力 = ［ ? ］

そこで，

　　　検定力分析（W）　➡　平均（M）　➡　1 サンプルの t 検定（O）

と選択して，右ページのように数値を入力します．

出力結果は，以下のようになります．

【SPSS による検定力分析の出力】 − 母平均の検定 −

検定力分析表

	検定力[b]	度数	仮定の検定 標準偏差	効果サイズ
平均値の検定[a]	.457	8	133.463	.759

a. 両側検定。
b. 非心度 t 分布に基づく。

> データ数を 2 倍にすると
> その検出力と効果サイズは？

【検定力分析の手順】

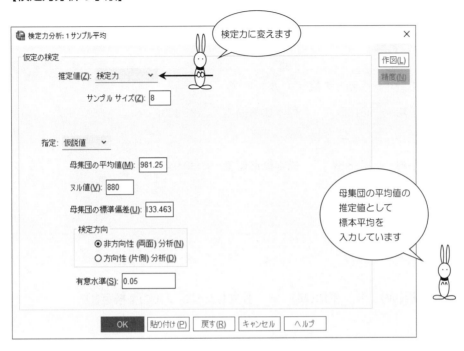

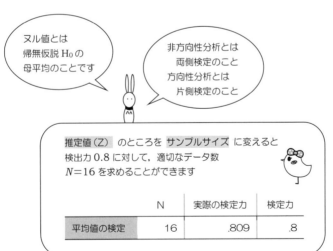

【2 つの母平均の差の検定における検出力の求め方】

> **求めたいことは**
>
> ● グループ 1 ……　データ数 = $\boxed{8}$
>
> 　　　標本平均 = $\boxed{981.25}$　　標本標準偏差 = $\boxed{133.463}$
>
> 　　グループ 2 ……　データ数 = $\boxed{7}$
>
> 　　　標本平均 = $\boxed{1928.57}$　　標本標準偏差 = $\boxed{430.946}$
>
> 　　➡このとき，検出力 = $\boxed{?}$

そこで，

　　　　　検定力分析(W) ➡ 平均(M) ➡ 独立したサンプルの t 検定(I)

と選択して，右ページのように数値を入力します.

出力結果は，以下のようになります.

【SPSS による検定力分析の出力】 － 2 つの母平均の差の検定 －

	検定力[b]	N1	標準偏差 1	N2	標準偏差 2	平均値の差
平均値の差の検定[a]	.997	8	133.463	7	430.946	947.320

a. 両側検定。

b. 非心度 t 分布に基づく。

【検定力分析の手順】

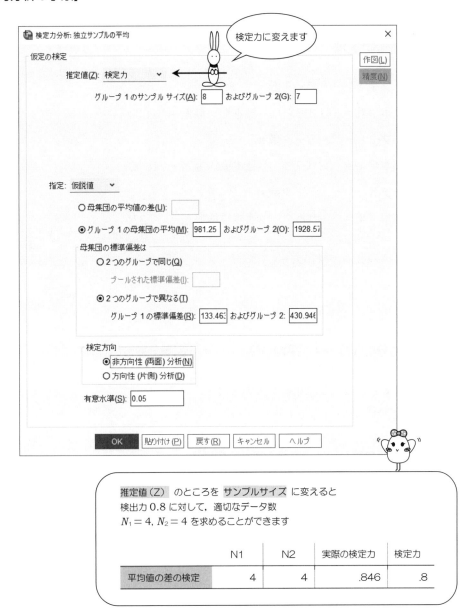

検定力に変えます

	N1	N2	実際の検定力	検定力
平均値の差の検定	4	4	.846	.8

推定値（Z）のところを サンプルサイズ に変えると
検出力 0.8 に対して，適切なデータ数
$N_1 = 4, N_2 = 4$ を求めることができます

【1 元配置の分散分析と多重比較における検出力の求め方】

> ### 求めたいことは
>
> ● グループ 1 ······ データ数 = 8
>
> 　　標本平均 = 41.313　　標本標準偏差 = 11.320
>
> 　グループ 2 ······ データ数 = 7
>
> 　　標本平均 = 37.057　　標本標準偏差 = 16.007
>
> 　グループ 3 ······ データ数 = 7
>
> 　　標本平均 = 16.900　　標本標準偏差 = 7.376
>
> ➡ このとき，検出力 = ?

そこで，

　　　検定力分析（W） ➡ **平均（M）** ➡ **1 元配置分散分析（A）**

と選択して，p.258 のように数値を入力します.

続いて，対比（O）をクリックして

　　　ペアごとの差分 ➡ **Bonferroni の補正**

を選択します.

　出力結果は，右ページのようになります.

> グループ 1 のデータ数＝16
> グループ 2 のデータ数＝14
> グループ 3 のデータ数＝14
> と入力してみると
> その検出力と効果サイズは？

【SPSS による検定力分析の出力】− 1 元配置の分散分析 −

検定力分析表

	検定力[b]	度数[c]	仮定の検定	
			標準偏差	効果サイズ[d]
全体の検定[a]	.935	22	12.054	1.083

a. 母集団の平均はすべてのグループで等しいという帰無仮説を検定します。
b. 非心 F 分布に基づく。
c. グループ全体の合計サンプル サイズ。
d. 平均平方根で標準化された効果により測定された効果サイズ。

ペアごとの差分[a]

多重比較	検定力[b]	効果サイズ
グループ 1 - グループ 2	.040	.353
グループ 1 - グループ 3	.888	2.025
グループ 2 - グループ 3	.690	1.672

a. サンプル サイズ: 22。プールされた標準偏差: 12.054。有意水準: .017。Bonferroni の補正による両側検定。
b. 非心度 t 分布に基づく。

データ数を 2 倍にすると
検出力と効果サイズは次のようになります

	検定力	N	標準偏差	効果サイズ
全体の検定	1.000	44	12.054	1.083

【検定力分析の手順】

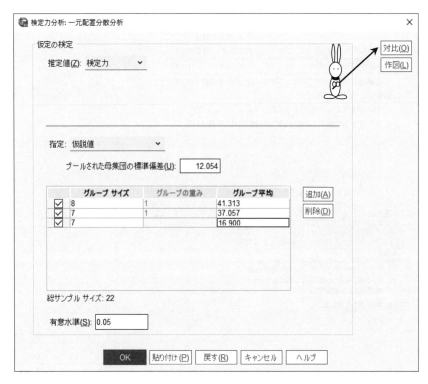

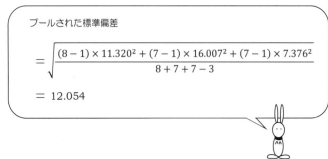

プールされた標準偏差

$$= \sqrt{\frac{(8-1) \times 11.320^2 + (7-1) \times 16.007^2 + (7-1) \times 7.376^2}{8+7+7-3}}$$

$$= 12.054$$

$\boxed{対比(O)}$ をクリックすると,

多重比較の検出力を求めることができます.

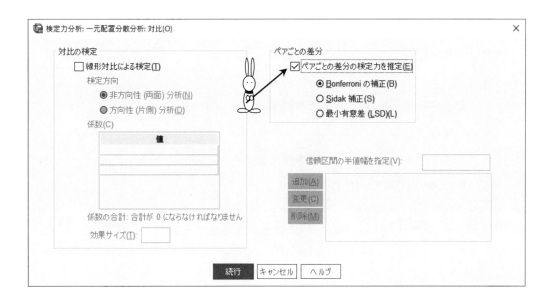

推定値（Z）のところを サンプルサイズ に変えると
検出力 0.8 に対して
適切なデータ数 $N_1 = 6$, $N_2 = 6$, $N_3 = 6$ を求めることができます

	N	実際の 検定力	検定力	標準偏差	効果サイズ
全体の検定	18	.866	.8	12.054	1.082

全体の検定用の
グループサイズ割り振り

	N
グループ1	6
グループ2	6
グループ3	6
全体	18

【対応のある 2 つの母平均の差の検定における検出力の求め方】

求めたいことは

• データ数 = 7

グループ 1

標本平均 = 56.114   標本標準偏差 = 4.1249

グループ 2

標本平均 = 52.586   標本標準偏差 = 2.2675

Pearson の標本相関係数 = 0.861

➡ このとき，検出力 = ?

そこで，

検定力分析(W) ➡ 平均(M) ➡ 対応のあるサンプルの t 検定(P)

と選択して，右ページのように数値を入力します．

出力結果は，以下のようになります．

【SPSS による検定力分析の出力】－対応のある 2 つの母平均の差の検定－

検定力分析表

	検定力[b]	度数[c]	仮定の検定	
			標準偏差[d]	効果サイズ
平均値の差の検定[a]	.882	7	2.460	1.434

a. 両側検定。
b. 非心度 t 分布に基づく。
c. ペアの数。
d. 平均値の差の標準偏差。

【検定力分析の手順】

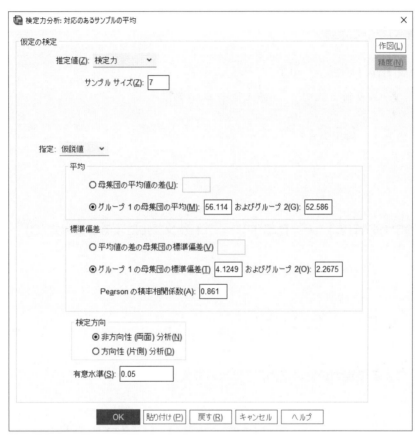

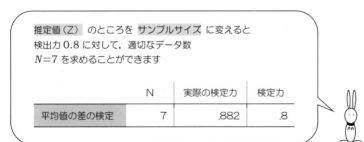

推定値（Z）のところを サンプルサイズ に変えると
検出力 0.8 に対して，適切なデータ数
$N=7$ を求めることができます

	N	実際の検定力	検定力
平均値の差の検定	7	.882	.8

【母比率の検定における検出力の求め方】

そこで，

　　　　検定力分析（W）　➡　比率（P）　➡　1 サンプルによる 2 項検定（O）

と選択して，右ページのように数値を入力します．

出力結果は，以下のようになります．

【SPSS による検定力分析の出力】－母比率の検定－

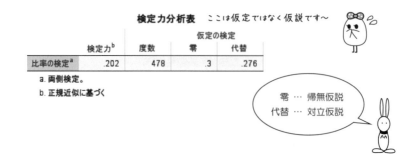

検定力分析表　ここは仮定ではなく仮説です～

	検定力[b]	度数	仮定の検定 零	仮定の検定 代替
比率の検定[a]	.202	478	.3	.276

a. 両側検定。
b. 正規近似に基づく

零 … 帰無仮説
代替 … 対立仮説

【検定力分析の手順】

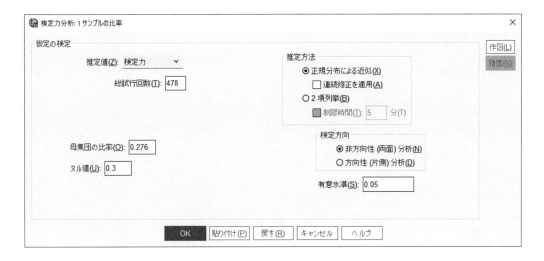

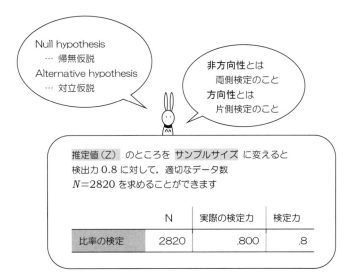

【2 つの母比率の差の検定における検出力の求め方】

求めたいことは

- グループ 1 …… データ数 = 478
  標本比率 = 0.276
  グループ 2 …… データ数 = 498
  標本比率 = 0.191

➡ このとき，検出力 = ?

そこで，

検定力分析(W) ➡ **比率(P)** ➡ **独立サンプルによる 2 項検定(I)**

と選択して，右ページのように数値を入力します．

出力結果は，以下のようになります．

【SPSS による検定力分析の出力】− 2 つの母比率の差の検定 −

検定力分析表

| | 検定力[b] | N1 | N2 | 仮定の検定 | | オッズ比 |
				相対リスクの差分	相対リスクの比率	
比率差分の検定[a]	.882	478	498	.085	1.445	1.615

a. 大規模サンプルの近似を使用した両側検定。

b. 検定力の推定は、Pearson のカイ 2 乗検定およびプールされた標準偏差に基づきます。

【検定力分析の手順】

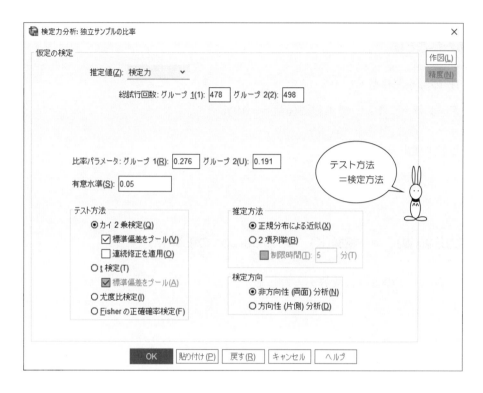

推定値（Z）のところを サンプルサイズ に変えると
検出力 0.8 に対して，適切なデータ数
$N_1 = 388$, $N_2 = 388$ を求めることができます

	N1	N2	実際の検定力	検定力	相対リスクの差分	相対リスクの比率	オッズ比
比率差分の検定	388	388	.800	.8	.085	1.445	1.615

【相関係数の検定における検出力の求め方】

> **求めたいことは**
>
> ● 仮説 H_0 の母相関係数 = [0.3]
>
>   データ数 = [10]　標本相関係数 = [0.945]
>
> ➡ このとき，検出力 = [？]

そこで，

  検定力分析(W)　➡　相関(K)　➡　Pearson の積率(M)

と選択して，右ページのように数値を入力します．

出力結果は，次のようになります．

【SPSS による検定力分析の出力】－相関係数の検定－

検定力分析表

	検定力[b]	度数	仮定の検定 零	仮定の検定 代替
Pearson の相関[a]	.706	10	.7	.945

a. 両側検定。
b. バイアスを調整した Fisher の z 変換および正規近似に基づきます。

零　…帰無仮説 H_0 のこと
代替…対立仮説 H_1 のこと

【検定力分析の手順】

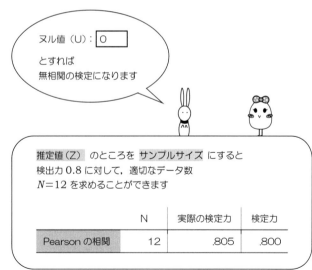

ヌル値（U）: 0

とすれば
無相関の検定になります

推定値（Z）のところを サンプルサイズ にすると
検出力 0.8 に対して，適切なデータ数
$N=12$ を求めることができます

	N	実際の検定力	検定力
Pearson の相関	12	.805	.800

参 考 文 献

[1]『Kendall's Advanced Theory of Statistics：Volume 1：Distribution Theory』Oxford University Press Inc.（2003）

[2]『Kendall's Advanced Theory of Statistics, Volume 2A, Classical Inference and the Linear Model』Oxford University Press Inc.（2002）

[3]『Kendall's advanced theory of statistics. Vol. 2B, Bayesian statistics』Oxford University Press Inc.（1999）

[4]『The Oxford Dictionary of Statistical Terms』edited by Yadolah Dodge, Oxford University Press Inc.（2006）

◎以下 東京図書刊

[5]『改訂版 すぐわかる多変量解析』（石村貞夫著，2020）

[6]『改訂版 すぐわかる統計解析』（石村貞夫著，2019）

[7]『すぐわかる統計処理の選び方』（石村貞夫他著，2010）

[8]『すぐわかる統計用語の基礎知識』（石村貞夫他著，2016）

[9]『入門はじめての統計解析』（石村貞夫著，2006）

[10]『入門はじめての多変量解析』（石村貞夫他著，2007）

[11]『入門はじめての分散分析と多重比較』（石村貞夫他著，2008）

[12]『入門はじめての統計的推定と最尤法』（石村貞夫他著，2010）

[13]『改訂版 入門はじめての時系列分析』（石村貞夫他著，2023）

[14]『統計学の基礎のキ～分散と相関係数編』（石村貞夫他著，2012）

[15]『統計学の基礎のソ～正規分布と t 分布編』（石村貞夫他著，2012）

[16]『SPSS でやさしく学ぶ多変量解析（第 6 版）』（石村貞夫他著，2022）

[17]『SPSS でやさしく学ぶ統計解析（第 7 版）』（石村貞夫他著，2021）

[18]『SPSS による線型混合モデルとその手順（第 2 版）』（石村貞夫他著，2012）

[19]『SPSS による分散分析・混合モデル・多重比較の手順』（石村貞夫他著，2021）

[20]『SPSS による多変量データ解析の手順（第 6 版）』（石村貞夫他著，2021）

[21]『SPSS による医学・歯学・薬学のための統計解析（第 5 版）』（石村貞夫他著，2022）

[22]『SPSS によるアンケート調査のための統計処理』（石村光資郎著，2018）

索　引

著者

石村光資郎 （いしむらこうしろう）
2002 年　慶應義塾大学理工学部数理科学科卒業
2008 年　慶應義塾大学大学院理工学研究科基礎理工学専攻修了
現　在　東洋大学総合情報学部専任講師　博士（理学）

監修

石村貞夫 （いしむらさだお）
1975 年　早稲田大学理工学部数学科卒業
1977 年　早稲田大学大学院修士課程修了
現　在　石村統計コンサルタント代表
　　　　理学博士・統計アナリスト

装幀　今垣知沙子（戸田事務所）　イラスト　石村多賀子

SPSS（エスピーエスエス）による統計処理の手順（とうけいしょりのてじゅん）　［第 10 版］
© Sadao Ishimura, 1995, 1998, 2001, 2004, 2007
© Sadao Ishimura & Koshiro Ishimura, 2010, 2013, 2018, 2021, 2023

1995 年 7 月 25 日	第 1 版第 1 刷発行	Printed in Japan
1998 年 9 月 25 日	第 2 版第 1 刷発行	
2001 年 7 月 25 日	第 3 版第 1 刷発行	
2004 年 12 月 25 日	第 4 版第 1 刷発行	
2007 年 12 月 25 日	第 5 版第 1 刷発行	
2010 年 12 月 25 日	第 6 版第 1 刷発行	
2013 年 12 月 25 日	第 7 版第 1 刷発行	
2018 年 2 月 25 日	第 8 版第 1 刷発行	
2021 年 1 月 25 日	第 9 版第 1 刷発行	
2023 年 11 月 25 日	第 10 版第 1 刷発行	

著　者　石　村　光　資　郎
監　修　石　村　貞　夫
発行所　東京図書株式会社

〒 102-0072 東京都千代田区飯田橋 3-11-19
振替 00140-4-13803　電話 03（3288）9461
http://www.tokyo-tosho.co.jp

ISBN 978-4-489-02417-7

改訂版 すぐわかる統計解析

石村貞夫・石村友二郎 著

データが与えられたとき、どのように分析すればいいのだろう――この
つぶやきを出発点に、多くの統計的手法を簡潔に解説する。たとえ計算
が苦手でも《公式》と《例題》を見比べ、まずはマネをしてみよう。書
き込み式の《演習》にトライすれば、統計解析の考え方が実感できる。
わかりやすさ、おもしろさでは定評のある著者による統計学の第一歩。

入門 はじめての統計解析

石村貞夫 著

統計をわかりたい、すぐ使いたい人のための入門書。読者の負担を最小
限に。進み具合を確認するための「理解度チェック」つき。

数学をつかう 意味がわかる 統計学のキホン

石村友二郎 著 石村貞夫 監修

統計学でつかう数学にはどんな意味が？　耳慣れない用語や数学記
号に少しずつ慣れるため、Σの使い方や平均といった基本事項から、
データの特徴を見るための相関係数、回帰分析のための回帰直線のひ
き方など、その数学的意味をポイントを押さえてきちんと説明。たと
え数学が不得手でも、複雑な計算はエクセルにおまかせでラクラク。
これから統計を学ぶという人はもちろん、いまひとつピンとこなかっ
たという人も2度目のチャレンジでナットクできる。

書き込み式 統計学入門
～スキマ時間で統計エクササイズ

須藤昭義・中西寛子 著

必要なのは中学数学だけ。好きな時に手を動かして、書き込みながら
問題を解いていれば、いつのまにか統計の基本が身につく一冊。